RICHARD MILLE

Texte d'Alain Borer, *Le Quadrige Invectif*
The Unruly Four-in-Hand

Photographies de Guy Lucas de Pesloüan

RICHARD MILLE

ÉDITIONS CERCLE D'ART

Lors de sa première parution en 2006, cet ouvrage a fait l'objet
d'une édition de tête limitée à deux cent soixante-huit exemplaires
accompagnés d'un tirage photo-lithographique d'une photographie originale de Guy Lucas de Pesloüan,
numéroté de 1/268 à 268/268, auxquels s'ajoutent vingt exemplaires « hors commerce »,
numérotés en chiffres romains HC I/XX à HC XX/XX
et dix exemplaires « épreuve d'artiste », numérotés en chiffres romains EA I/X à EA X/X.
L'estampe, signée par l'artiste, a été tirée sur papier Velin d'Arches 250 grammes
par l'atelier Art Estampe à Gentilly.

L'éditeur remercie Yves Mathys et toute l'équipe Horométrie / Guenat SA,
Caroline Sermier et toute l'équipe Audemars Piguet (Renaud & Papi) SA,
Debbie Gourdon, Theodore Diehl pour leur collaboration à la présente édition.

double page / previous double spread

RM 008-1

Vue en diagonale (à 9 heures)

Diagonal view (at 9 o'clock)

ISBN 2 7022 1074 1

Imprimé en Italie

Texte d'ALAIN BORER

English translation by **Bertrand Mathieu**

RM 004/RM 008
Pignon de grande moyenne
Center wheel pinion

double page suivante / double spread overleaf

RM 004/RM 008
Fiche technique du pignon de grande moyenne
Technical drawing of the center wheel pinion

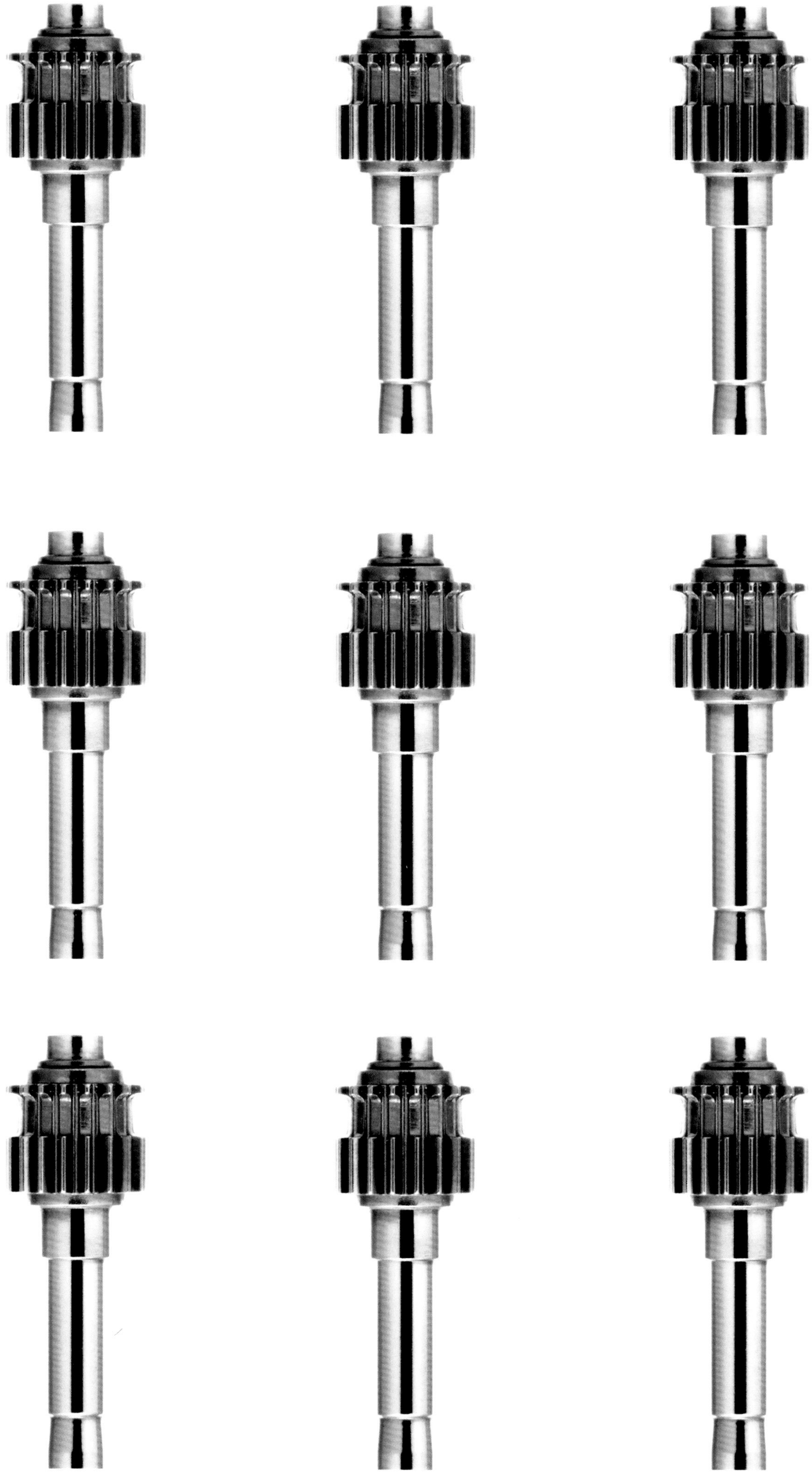

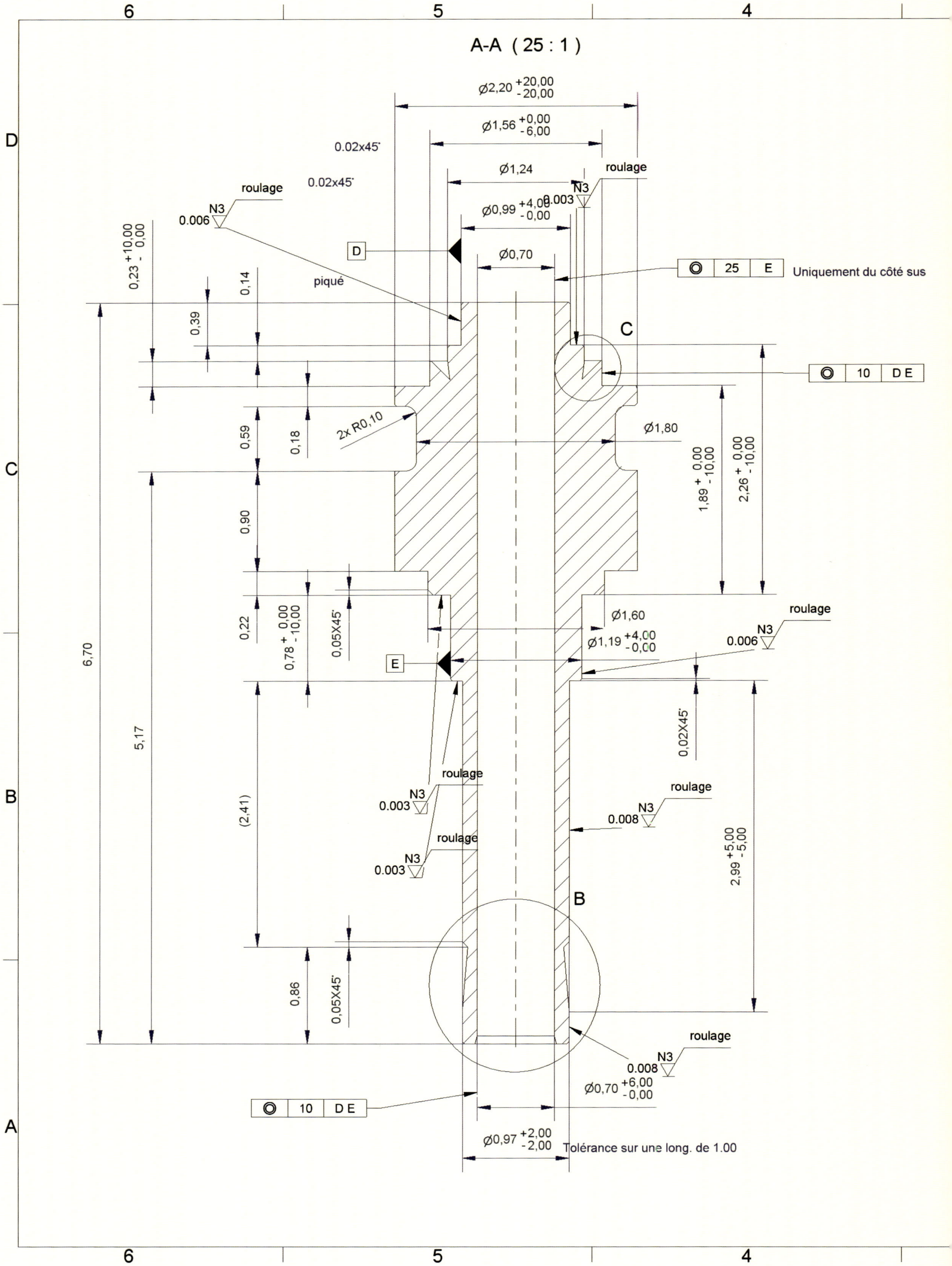

A-A (25 : 1)
Ø2,20 +20,00 -20,00
Ø1,56 +0,00 -6,00
Ø1,24
Ø0,99 +4,00 -0,00
Ø0,70
0.02x45˚
0.02x45˚
roulage
N3
0.006
0.003
D
piqué
25 E
Uniquement du côté sus
C
10 D E
2x R0,10
Ø1,80
Ø1,60
Ø1,19 +4,00 -0,00
E
0,23 +10,00 - 0,00
0,14
0,39
0,59
0,18
0,90
0,22
0,78 + 0,00 -10,00
0,05X45˚
6,70
5,17
(2,41)
0,86
1,89 + 0,00 -10,00
2,26 + 0,00 -10,00
0,02X45˚
2,99 +5,00 -5,00
0.008
B
Ø0,70 +6,00 -0,00
Ø0,97 +2,00 -2,00
Tolérance sur une long. de 1.00

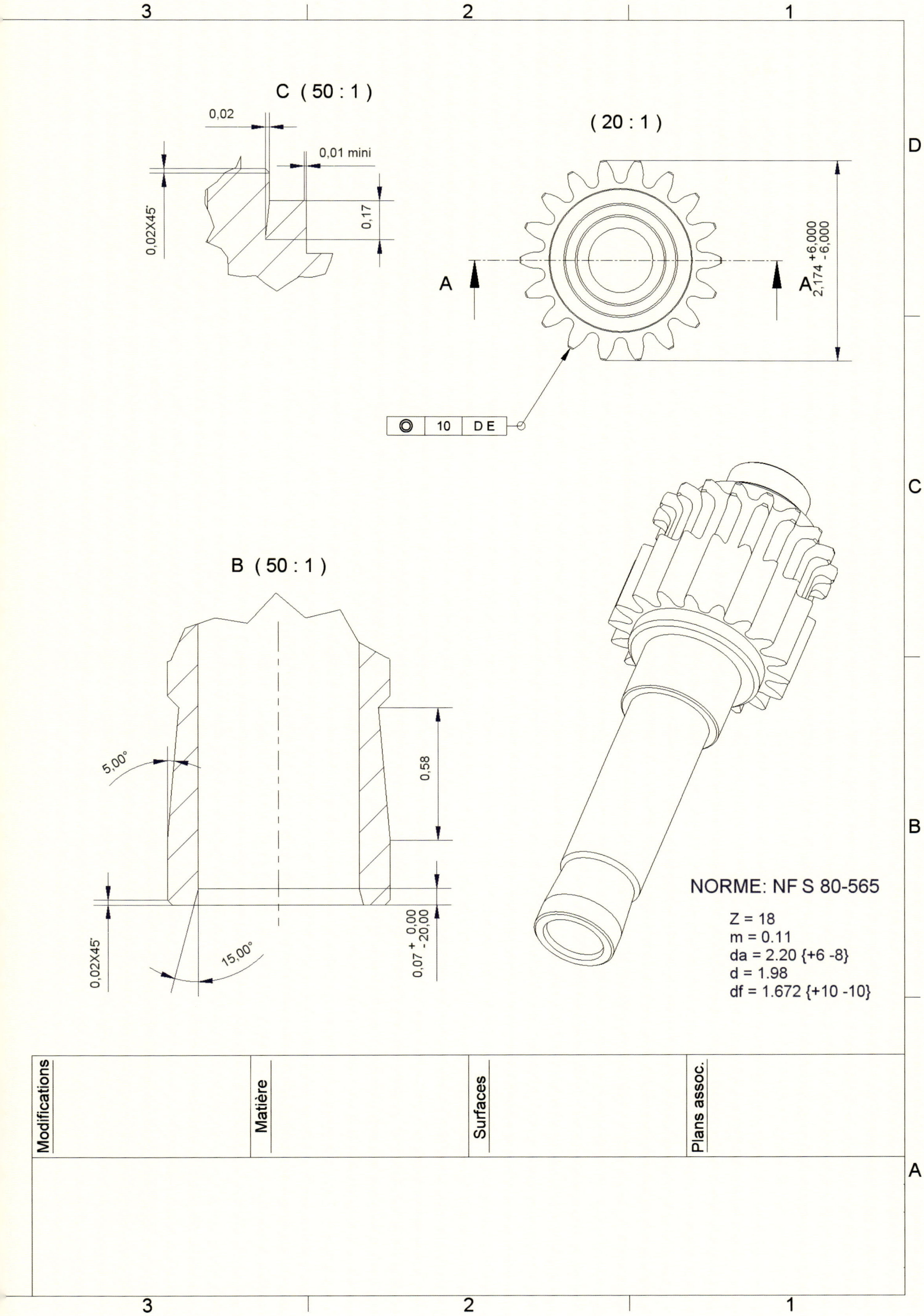
3
2
1
D
C
B
A
C (50 : 1)
0,02
0,01 mini
0,02X45°
0,17
(20 : 1)
A
A
2,174 +6,000 -6,000
10
D E
B (50 : 1)
5,00°
0,58
0,02X45°
15,00°
0,07 + 0,00 - 20,00
NORME: NF S 80-565
Z = 18
m = 0.11
da = 2.20 {+6 -8}
d = 1.98
df = 1.672 {+10 -10}
Modifications
Matière
Surfaces
Plans assoc.

Vis de boîte en titane
Titanium case screws

dcuble page suivante / double spread overleaf

RM 002/RM 008

(page de gauche / left page) Tournevis avec vis de boîte, tige d'axe de cage haut, chaussée, pont de cage bas
Case screwdriver with case screws, upper tourbillon cage arbor, cannon pinion, lower tourbillon cage bridge

(page de droite / right page) Tige de remontoir, vis de cage de tourbillon, vis de ressort, vis de renvoi, arbre de barillet, vis de cône, pignon coulant
Winding shaft, screw for tourbillon cage, screw for spring fastening, winding system screw, barrel arbor, cone screws, sliding pinion

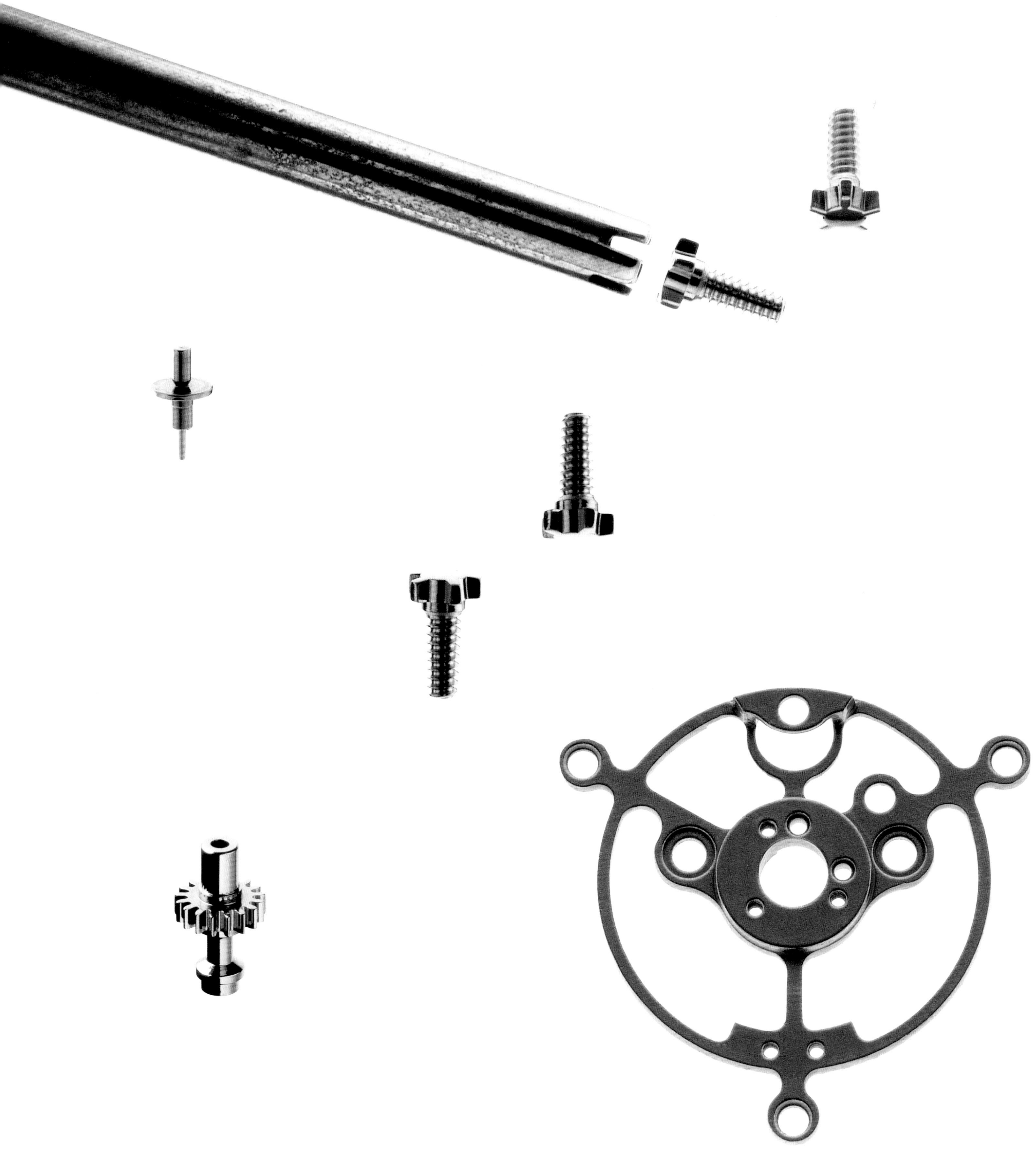

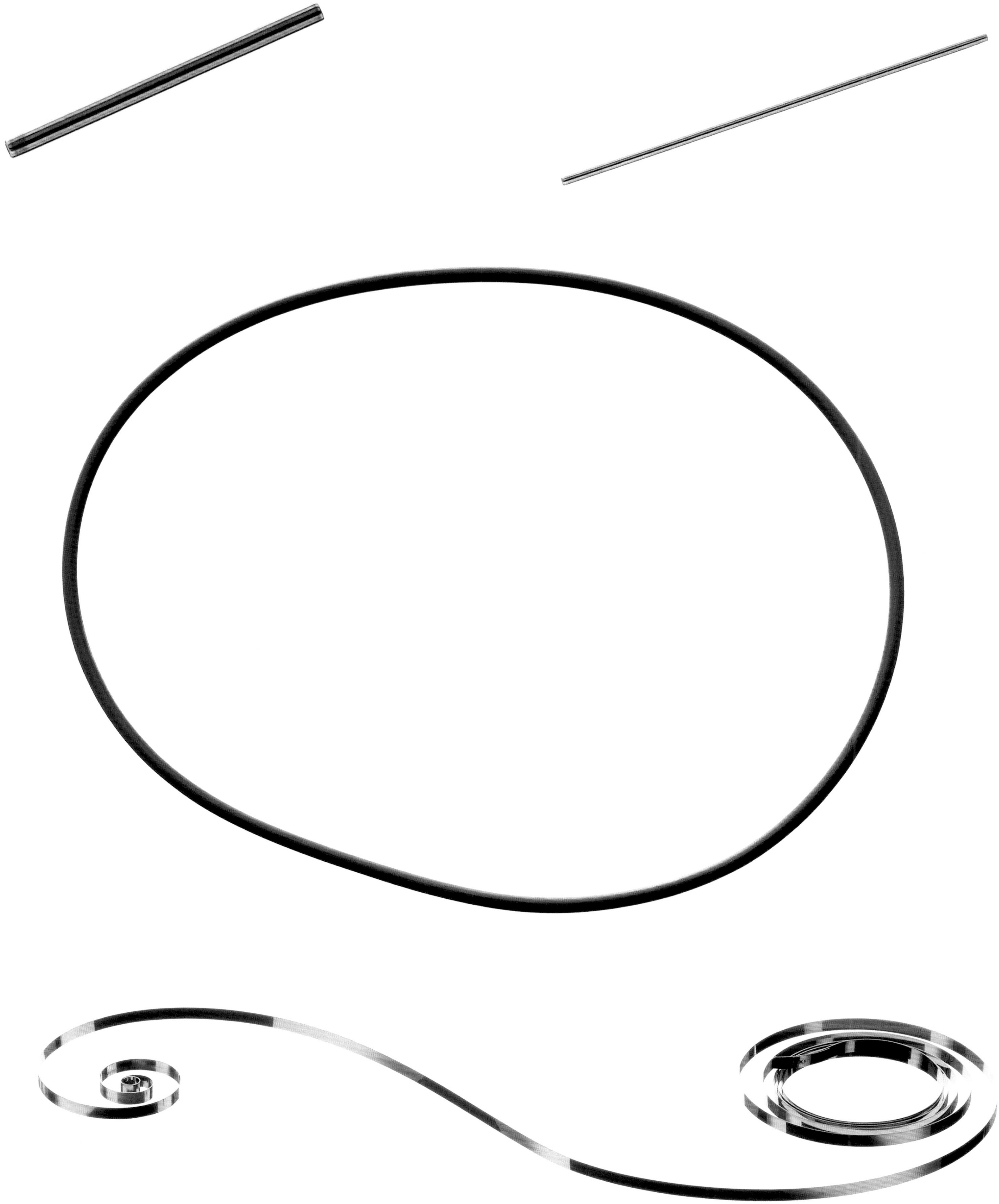

double page précédente / previous double spread

RM 002/003/004/008

(page de gauche / left page) Pignon de minuterie, axe de réserve de marche, came de sélection prémontée, roue d'échappement avec pignon, axe de bascule de commande départ-arrêt, roue de couronne, axe compteur minutes, chaussée, pignon de seconde, pignon de minuterie, pignon de remontoir, renvoi de minuterie

Hand setting pinion, power reserve staff, assembled selection cam, escapement wheel with pinion, chronograph start/stop lever staff, crown wheel, minute counter staff, cannon pinion, seconds pinion, hand setting pinion, winding pinion, hand setting pinion

(page de droite / right page) Axe de la roue de chronographe, axe de la roue de rattrapante, joint de boîte, ressort spiral

Chronograph wheel staff, split seconds staff, gasket, winding spring

RM 004/RM 008

Roues de colonne

Chronograph column wheels

RM 008-1/002/003
Ponts de mise à l'heure prémontée
Winding bridge prepared for assembly

RM 004-V2
Gravure dans la platine des fonctions de sélecteur : réglage, neutre, remontage
Engraving in baseplate for function selector : Handsetting, Neutral and Winding

H
N
W

RM 006
Platine en nanofibre de carbone
Carbon nanofiber baseplate

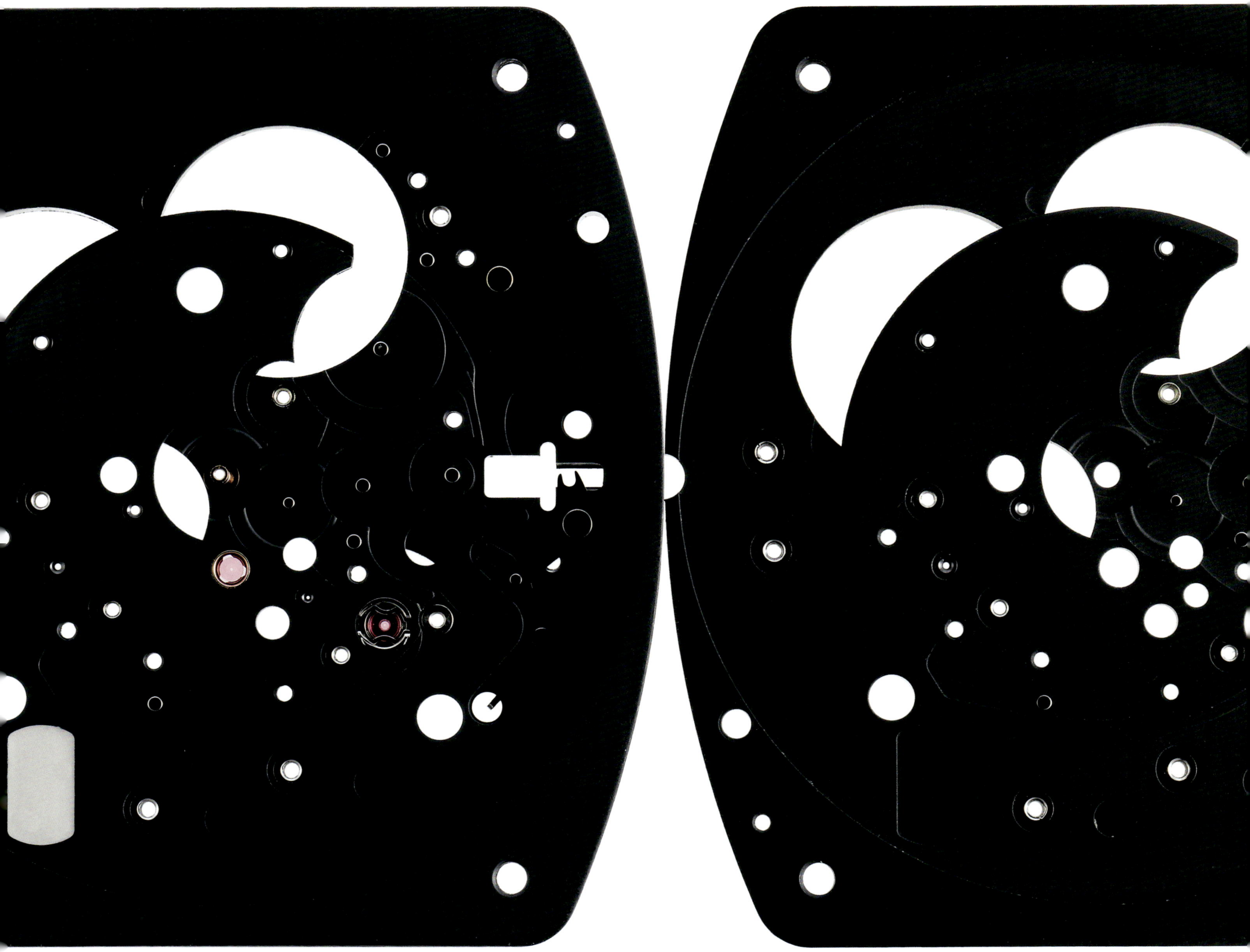

double page précédente / previous double spread

RM 005

Platine prémontée en titane avec traitement PVD (recto verso)

Titanium PVD treated basepate (front and back views) prepared for assembly

RM 002-V2

(page de droite) Platine prémontée en nanofibre de carbone (vue de dessus)

(right page) Carbon nanofiber baseplate prepared for assembly (front view).

RM 007

Platine prémontée (recto verso)

Baseplate prepared for assembly (front and back views)

Doubles pages suivantes

RM 007

Détail du cadran avec bague de date en verre saphir

Detail view of dial side with sapphire glass date ring

RM 008-1

Côté cadran

Dial side

SWISS MADE
TWENTY-FOUR (24) JEWELS ADJUSTED FIVE POSITIONS
RM-007 N°0172
RICHARD MILLE

18

SWISS MADE
CHRONOGRAPH
SWISS MADE

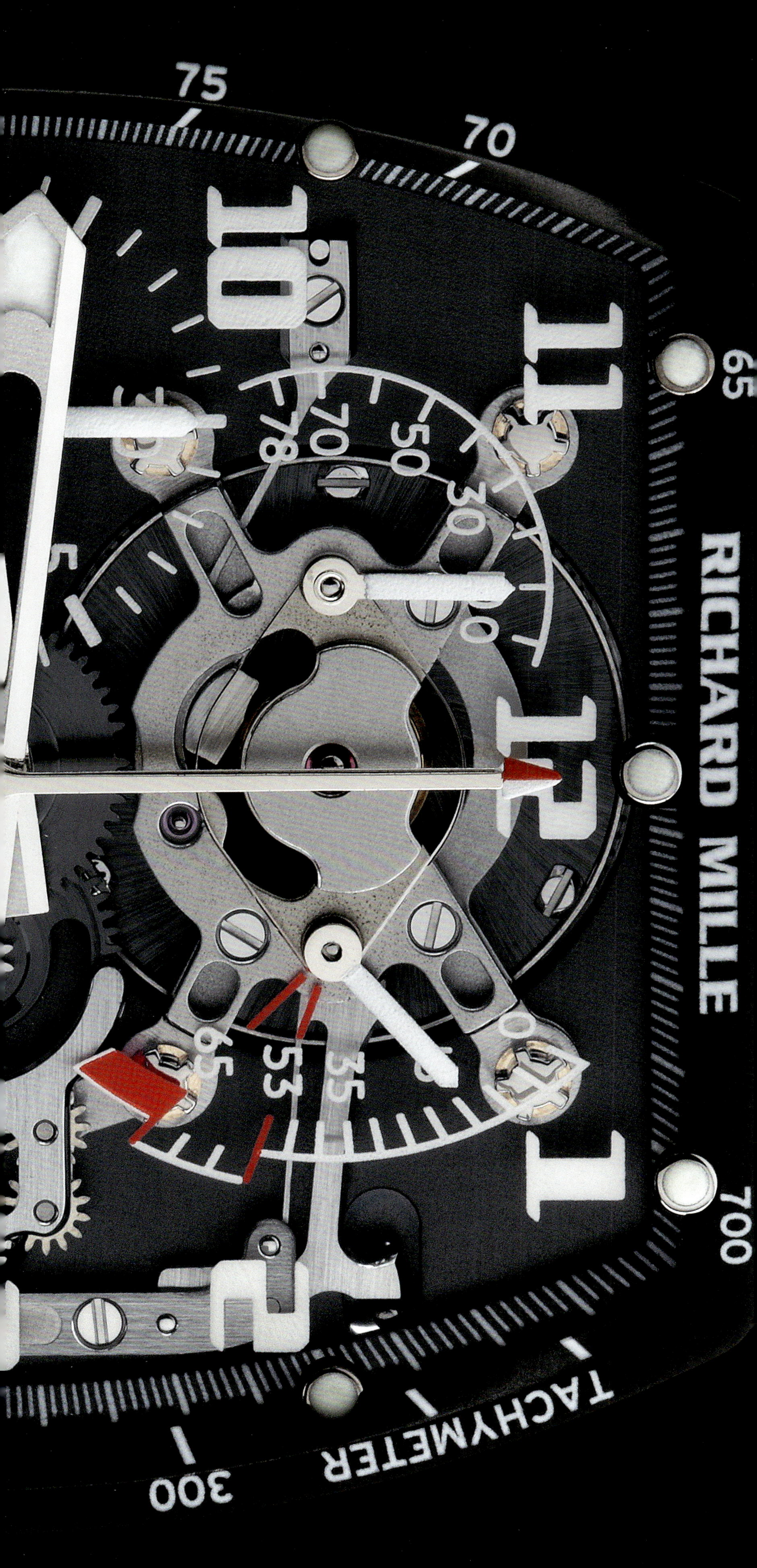
RICHARD MILLE
TACHYMETER

double page précédente / previous double page

RM 005

Dessus de la boîte

Front of case

Profil de la boîte, côté cadran (12 heures)

Profile side of case from dial side (12 o'clock)

À Marc Dachy, Camille, Kikuko, Mayuko

« ***Les chevaux s'emballent,*** *et personne ne les retenant, ils fendent les airs d'une région inconnue ; partout où leur fougue les emporte, ils se ruent sans retenue ; ils font irruption dans les constellations fixées aux hauteurs de l'éther ; ils entraînent le char hors des chemins tracés. Tantôt, ils montent au haut du ciel, tantôt, suivant des routes en pente et bordées de précipices, leur élan les rapproche de la terre. Et la Lune voit, surprise, les coursiers de son frère poursuivre leur course plus bas que les siens.* »

Ovide, *les Métamorphoses,* II, 175

« Ainsi quand de leurs loges ils se sont élancés, les quadriges de chevaux augmentent tour à tour leur vitesse ; en vain le cocher tire sur les guides ; les chevaux l'emportent et l'attelage reste sourd à ses rênes. »

Virgile, *Géorgiques,* IV, 27

« Voyez ce qui glisse au milieu de la foule !
Un char magnifique au quadruple attelage
Passe à travers le tout
Sans rien diviser »

Gœthe, *Faust II,* Acte I

On entend le Prélude *de* La Damnation de Faust, *d'Hector Berlioz*

CONSIDÉRATIONS SUR LE VOL DES CHEVAUX

« *Plaçons mille noyaux d'uranium 235 sur un plat et attendons…* »
(Hubert Reeves, *Patience dans l'azur,* Seuil, 1981, p. 235)

… et dans ces quelques instants qui précèdent la course, chuchotons qu'elle se dédie en modeste hommage au maître de l'éloquence française, Alain Chartier, au (guère que par nous mais *immensément* admiré) poète de *La Belle Dame sans merci*, auteur immortel d'un *Quadrilogue Invectif* (1422) : que s'ouvre en son nom un *Quadrige invectif* en gouffre de question – mais gouffre en abyme où chuter librement !

De toute œuvre, il n'y a au fond qu'une chose à savoir : est-ce qu'elle est *abyssale* ou *pétillante ?* Les deux parfois ensemble, chez quelques ouvreurs d'abîmes et interrogateurs de ténèbres, Paolo Uccello ou Giotto auxquels succède… Richard Mille.

Principalement, que fabrique l'Humanité sur la planète bleue, pour l'heure sept cents millions par an, quel objet aura-t-elle produit en plus grande quantité, au passage du dernier quadrige ? Des montres, et parmi les plus mémorables qu'il faudra emporter, sans conteste, figurent les montres de Richard Mille (avec son nom dessus).

Non pas donner l'heure ! À ce prix, elle ne se donne pas. Ce temps-là n'a pas de prix. Ni même l'indiquer avec précision – puisqu'il est à cet instant précis toutes les heures à la fois, de sorte qu'en une vitrine d'horlogerie-bijouterie les montres et les horloges et les coucous indiquent tous une heure parfaitement exacte en quelque autre lieu ; mais puisque l'heure n'est pas la même ici non plus, d'un beffroi à l'autre, surtout s'il est mal remonté, mais enfin pour chipoter elle diffère même, atomiquement parlant, du portail à la croisée du transept (et pire, expérience faite, de la porte au zinc du *Café de la Poste*, place des Halles) : aussi Richard Mille ne cherche-t-il pas seulement l'heure exacte, misérable revenante, mais la perfection mécanique ! la précision absolue du mouvement !

On ne s'entend plus dans cette époque ! Le théâtre est le *dernier* lieu où s'entendre. Le dernier, c'est-à-dire le seul et l'impossible : s'il est bien ce monde alentour qu'il fait entendre. Il faut d'abord écouter au théâtre, écouter pour voir – comme l'ancêtre du téléphone, le *théâtrophone* auquel était abonné Proust. Fermer les yeux pour voir, ou les lever plus haut encore que le lustre auquel s'en tenait Mallarmé rêvassant d'autre scène (on dit bien *s'en tenait* et non pas *s'y tenait*, éventuel motif pour Degas…), lever les yeux pour *entendre* Berlioz, au plafond du Grand Palais où explose l'orageux quadrige d'Alfred Roll, la *Glorification de Berlioz.* – D'Alfred Roll, ou Hubert Rock ? je ne sais plus ; mais Berlioz, au plafond. Puisqu'un quadrige galope sur le toit de l'Univers, on entend son galop à l'envers : comme dans l'*Apollon* et *Diane* du Primatice, un quadrige s'entend *par-dessous.*

Et depuis belle lurette, l'homme n'a rien mieux compris, pour figurer la puissance de l'Astre du Temps, que reconnaître au ciel la course effrénée d'un quadrige – quatre chevaux antiques sanglés par les rayons, hennissant le Temps d'un point à l'autre de l'espace, comme celui du Grand Palais à Paris regardé à l'instant, *renversé au plafond* par rapport à son voisin d'en face qui se poste sur un dôme du Petit Palais, puis qui saute, ensuite, d'un bond jusqu'à Rome, sur le front du Palais de Justice, où on le reconnaît : « Toute la mesure aérienne qu'un homme voit de ses yeux, assis sur un sommet et contemplant la mer immense, c'est celle que sautent les chevaux hennissants des dieux », observa Homère, dans l'*Odyssée* (770-772).

Le Soleil aussi, on ne peut le voir que par-dessous. Il en est ainsi de tous les traîtres. Est-il fiable, d'ailleurs, prévisible, constant, ce dieu de l'éternité qui s'effondre tous les soirs, ce père qui joue à cache-cache, ce fécondateur pyromane, cet ami dont l'absence nous morfond, ce tueur qui ne manque personne ? La naissance et la mort du traître tant aimé et qui *en rougit,* ce spectacle par en dessous reste la seule chose à voir dans ce coin perdu de la galaxie – avec les éclipses, deux ou trois fois par vie, ou le feu d'artifice des *léonides,* quelques nuits d'août. Ne s'y trompent pas les lièvres de Touraine du sud, les seuls que je connaisse, assis sur leur derrière, aux premières loges des orées chaque soir, exactement tels que saisis par Albrecht Dürer ; dans la même position que les Adorateurs du soleil, neuf heures plus tard, tout au long de la côte pacifique ; parmi lesquels (ceux-ci ou ceux-là) se serait assis Montaigne – « Je me fusse, ce me semble, plus volontiers attaché à ceux qui adoraient le soleil. » Les uns comme les autres surpris par mes soins en vélocipède, alors que me venait Le *Quadrige invectif,* qu'il me parlait, me tirait littéralement et que je pédalais derrière pour le prendre en notes, comme les Adorateurs et parmi eux, car il m'était dicté plus vite que je ne pouvais le copier, surtout en vélocipède – ce modeste char, la deux-pattes des quadriges ; aussi en ai-je laissé filer une bonne partie.

C'est à cela que l'on reconnaît Pégase, symbole de l'inspiration poétique, qui emporta Bellérophon vers l'Olympe : on reconnaît Pégase au fait qu'il vous emporte et au fait qu'il vous lâche. Cela se produit surtout en bord de mer. Pégase pour sa part adorerait gagner la course, puisqu'il n'est que le galop : on ne l'a jamais vu à l'arrêt, les ailes repliées ! Depuis la nuit des temps il galope, à la vitesse d'une enjambée par siècle, et jusqu'à l'abîme à venir, qu'annoncera pour lui la piqûre d'un taon : la piqûre de la nuit des taons. Il ne fait que la course : donc il ne gagne pas. Il fait la Course à Jamais. C'est ce qu'il adore.

Observons que le Quadrige est plus rapide que l'homme en général, même habillé en général. Pour l'homme trop lent, ou pour l'homme trop pressé, la leçon est qu'il faut vivre et écrire et aimer à la même vitesse que le Quadrige. Apprendre à vivre, c'est adapter sa vitesse à celle du Quadrige, à tout le moins savoir que l'on prend part à cette course, que l'on court à côté de Lui (un peu en dessous).

Confirmons de même que le Quadrige mène sa course dans le ciel, phénomène découvert premièrement par Copernic et auquel le personnage de Richard Mille en Bugatti, son bolide immobile, oppose la sagesse de Zénon pour qui aucun temps n'est présent en toute rigueur. Le temps étant la dimension du mouvement, sages et fous trouvent l'absolu dans l'immobilité. Pour eux le soleil tourne autour de la Terre : par *hybris* de se savoir centre du monde, refus de courir, maîtrise du mouvement même, Richard Mille est vainqueur de toute course mais seulement *par avance.* Faire la course, c'est la perdre. Pour gagner la course, il suffit de ne pas la faire. Richard Mille, ou l'anti-Pégase : ce n'est pas donné à tout le monde de ne pas faire la course. Seulement au gagnant. Cest pourquoi les gagnants ne sont pas nombreux.

Et cependant il tourne, *« epure si muove »,* et donc voyagent les quadriges sous nos yeux – et nos yeux sous les quadriges –, actionnant les horloges et soumettant les hommes, tous suspendus aux aiguilles tel Harold Llyod dans *Safety Last* (de Fred Newmeyer, 1923), quand, escaladant un immeuble pour échapper à un gendarme, il s'accroche au temps ; pour échapper à la loi, se soumet à la seule Loi : le temps, maître absolu des hommes. Plus suspendu encore que Llyod : Fausto Coppi, le *campionissimo* solitaire, actionnant le temps au mollet, et le tournant de plus en plus vite à la poursuite de Serse, son jeune frère bien aimé et coéquipier, qui vient de passer trois fois au virage (de trépasser) et que chaque tour de pédale déporte davantage en un temps parallèle – jusqu'à rejoindre son frère, finalement, à l'arrivée (à la seule Arrivée commune). Coureur en deuil pendant neuf ans, Fausto Coppi peine, sur les routes tourmentées des Dolomites, et il fait peine à voir car il n'a pas de concurrent, non pas Robic qu'il dépassa à l'Alpe-d'Huez, et non pas Bartali son éternel rival battu : Coppi avance par amour derrière un mort ; autrement dit, la course est un enterrement, et il en prend la tête... Et c'est pour conjurer le deuil que Fausto Coppi, aux épaules enroulées de pneus et boyaux, porta le premier un casque, des gants, et des coudières et genouillères, et des médailles bénies ; pour se protéger d'une chute de temps. Aussi *Le Quadrige invectif* résiste-t-il à la rime Fausto / E.P.O., rime pauvre pour prolo du vélo, et qui s'en voudrait de désobliger un palmarès prestigieux sur lequel veillent encore, à Castellania, les fidèles coéquipiers Ettore Milano et Andrea Carrea ; toutefois Coppi a perdu son âme et s'appelle Fausto...

Par beau temps, sur une palombière à quadrige, il est intéressant de se poster pour guetter leur passage, à toutes heures du jour, en quelques orées, ou au théâtre : défilent entre mille la Vision des chars de Zacharie (6,1sq), le quadrige en deux corps peint sur le ventre d'un vase du musée d'Athènes, le quadrige invisible du temple de Jupiter capitolin (le premier, à Rome, au VIe avant notre ère), celui qui tatoue la cuirasse d'Auguste, celui de Phaeton gravé sur un sarcophage romain, et passent infiniment, mais il faut des jumelles, le groupe de Puget *Persée et Andromède,* à Stuttgart le Tiepolo (ce grand voyant qui regarde *par-dessous)* ; puis le premier quadrige qui réussit la traversée de l'Atlantique Nord, accroché au fuselage du *Bec-de-la-cigogne* ; et toujours, fatalement, s'abîment les quadriges, à la façon de celui qui, érigé par Falguière, dominant les obsèques de Victor Hugo, le 31 mai 1885, surmontait l'Arc de triomphe drapé de noir et en descendit le lendemain matin, pour disparaître à son tour. Leur course au long de la voûte est celle de tout avion, ce mot que Guillaume Apollinaire forgea sur l'oiseau, *avis*, en l'honneur du premier vol d'homme, Clément Ader, en 1897, qui devait chuter aussi sûrement que Roland Garros dans les prairies humides de Vouziers. N'est-ce pas cette sous-préfecture des Ardennes qu'il faudrait reconnaître dans l'Icare de Brueghel ? Histoire profonde racontée par avance par Masaccio, si l'on isole avec les mains, à droite dans l'*Adoration des mages,* quatre chevaux et un visage.

Le Quadrige ni la mort ne se peuvent regarder en face : levant les yeux à la voûte, écoutons de plus près un quadrige céleste, expédition contemporaine à l'exploit de *Deep impact,* cette sonde de la taille d'une machine à laver qui, le 4 juillet 2005, percutant le petit pôle sud de la comète *9P-Tempel-1*, y ouvrit un cratère de la taille du Colisée. On découvre en particulier qu'un attelage se compose de personnalités différentes, tirant à hue et à dia bien que soumises aux lois communes, surtout à l'Arrivée, et qu'il détient sa part féminine – avec Let's go Darling : cette pouliche de course stupéfie les concurrents car elle se joue du temps de multiples façons, coupant perpendiculairement le fil du temps, plus rapide dans la danse (devançant *le temps* et non pas seulement les chevaux), plus lente séductrice (plus lente que *le temps* et non pas que les séduits). Ne faisant que passer dans le temps masculin, elle lui échappe par la joie et par l'enfantement, l'antériorité et la création d'espaces : vainqueur au fond *mais pas à la fin,* gagnante par le *commencement*, elle était donc arrivée avant tout le monde, *tonnerre et rubis aux moyeux.*

Le Quadrige invectif doit durer une heure pile, montre Mille en main : on regarde passer une heure, entre deux obscurités. L'heure étalon. Il s'agit d'un drame contemplatif. C'est pourquoi il faut lever les yeux, car l'heure passe au ciel.

Toute salle étant décrétée cosmique, et vice versa, la Société d'encouragement se voit constituée par le public, partie prenante, prenant pari ; tout regardant passant par là est, d'office, déclaré membre de cette *société d'acclamation,* reçoit *au moins mentalement* un chapeau claque et un porte-voix ; prend parti en brandissant des pancartes aux noms de ses canassons favoris, Let's go Darling, Fausto Coppi, Richard Mille ou Pégase, en secouant ces boîtes d'allumettes sur lesquelles figure le quadrige de la place San Marco, annonceur du Prix de l'Arc de Triomphe. Or voici justement les concurrents qui s'approchent des plots du départ. N'est-il pas grand temps de se préparer ? Assurément, comme précisa Jean Genet à Roger Blin : « Le *'harnachement'* est nécessaire*. »

A.B. Venice *(Los Angeles) octobre 2005*

* Jean Genet, *Lettres à Roger Blin*, Gallimard, 1966, p. 16.

LE QUADRIGE INVECTIF

PERSONNAGES

PÉGASE *courant ailes aux pieds*
LET'S GO DARLING *pouliche en cavale*
RICHARD MILLE *au volant de sa Bugatti*
FAUSTO COPPI *sur un vélocipède d'intérieur*

(FAUSTO COPPI *sur un vélocipède d'intérieur*
RICHARD MILLE *au volant de sa Bugatti*
LET'S GO DARLING *pouliche en cavale*
PÉGASE *courant ailes aux pieds)*

SOUFFLEUR

Le Quadrige invectif *s'articule à deux précédentes pièces en un acte,* Paul les Oiseaux*, *d'après Antonin Artaud, qui met en scène Paolo Uccello, l'immense et jeune peintre du Quattrocento, et Brunelleschi, l'architecte de la coupole de Florence, observés par un artiste contemporain, Pierre Antoniucci, puis* Le Chant du Rien visible**, *voyage intersidéral de Bill Haley et Giotto, chevauchant la sonde éponyme à la rencontre de la comète de Halley. L'ensemble s'accorde en trilogie,* Pour l'Amour du Ciel.

Quant au Quadrige invectif, *la lumière, essentielle, donne l'aube côté Cour, puis suit son cours selon cinq actes, fondus et enchaînés, dix heures du matin, midi, seize heures, enfin le crépuscule côté Jardin. Klaxons à six tons caractéristiques de la Route du Tour. La salle tout entière est l'espace du* Quadrige, *et Pégase en particulier en occupe circulairement les hauteurs, poulaillers puis balcon ; quant à Let's go Darling et Pégase, ils s'adressent au spectateur qui s'en va ou haranguent le passant à la porte d'entrée du théâtre, à la vraie porte du théâtre qui donne sur la rue. Vidéo si nécessaire pour cette séquence, l'idéal étant, par ailleurs, constamment en fond de scène, la projection d'un film qui procure la sensation de déplacement à grande vitesse, le même que pour* Le Chant du Rien visible, *à la manière du voyage dans l'espace-temps de* 2001, Odyssée de l'espace. *Invisible si l'on veut, le personnage muet de l'ange qui traverse, accablé ou allègre, les deux pièces précédentes, devient ici l'*ardoisier, *comme l'appellent les coureurs, celui qui leur présente, à l'arrière de la moto du Tour, un tableau indiquant à la craie les écarts, ou les temps qui courent, et qui, au dernier passage, laisse voir une tête de mort.*

* *Paul les Oiseaux*, CCC, Tours & Éditions Voix, Metz, 1985.
** *Le Chant du Rien Visible*, Fourbis, Paris, 1991.

SCÈNE I

Lumière pâle côté Cour : l'aube

LET'S GO DARLING
du balcon

Le rideau rouge à l'aube se soulève
La lumière est belle à six heures et demie
La Lune en son décroît semble encore endormie
Éclairant à demi dans ses grottes l'aurore
Et l'aube aux lèvres métalliques
Jette au point du jour, à l'orée
Une ombre sur les centaurées
Salut, astre mélancolique !
O paradis lointain encore !
Lorsque s'ouvre le ciel nulle agitation
On recommence l'âge d'Ève
Quand la Terre vue de l'espace
Était couleur soupe à l'oignon
Gorgée de sucres et d'alcools
Mais j'entends que l'on caracole…
Pourquoi prendre le monde ? Il suffit qu'on y passe !

(Sur scène, côte à côte, face au public :
Richard Mille assis à son volant
Pégase galopant lentement
Battant de l'aile élégamment)

PÉGASE

À l'heure du laitier, à la fraîche, je piaffe !

RICHARD MILLE

On est partis à peine et déjà tu t'esclaffes !

PÉGASE

Bien que toujours debout, le réveil ? J'en raffole !
Délivré du paddock, promené par le col
Le jour commence bien et déjà je m'envole :
Je me sens à un cou de girafe du sol !

RICHARD MILLE
à part
consultant sa montre

En tenue d'aviateur, prêt à partir, dès l'aube
Écritoire au genou et ma montre au poignet
Ponctuel et toujours en partance : On y est !
Plan de vol hydraulique et mesures de l'Orbe
Ma montre indique tout, GPS ou CX

La vitesse du vent, point nodal ou point fixe
Bignouteur latéral, axipétage avant
Remontoir pour la profondeur des océans !

PÉGASE
à part

J'hennis ! J'hennis ! J'hennis ! C'est bien simple : j'hennis
À l'idée de partir, parmi les hourvaris
Et pour honorer les parieurs du dimanche
En prenant le départ d'une course à haut risque
J'ai passé ma culotte et mes socquettes blanches
(Suivi par les jumelles on dirait un oryx)

RICHARD MILLE

Cheval, vois-tu ce pétrolier
Si tôt matin quittant le port ?
Suis-le ! C'est l'*Early-Morning-Star* !
Et vois-tu le rapport
Avec l'étoile du Berger ?
Courons tant qu'il n'est pas trop tard !
Par pleins bateaux le jour arrive !
L'aurore fait son offensive !

PÉGASE
survolant déjà son concurrent d'une hauteur

Richard Mille, dis plutôt qu'il n'est pas trop tôt !
Moi je rongeais mon frein et quand sur l'esplanade
retentit le starter, je lançai une œillade
à André Darrigade et Raymond Mastrotto

RICHARD MILLE
dégageant ses narines

Sans te désobliger, tu ne lanças, Pégase
Non seulement un œil, mais aussi quelque gaz...
Mêlé à la déflagration du départ
Et qui se prolonge ici encore...

PÉGASE

...– Richard !
S'il ne vole ni court, l'équidé s'impatiente
Et répand alentour une orgueilleuse fiente

RICHARD MILLE

Mais va ! Cours ! dans le ciel rempli de satellites !
Donne ce que tu peux dans la course d'élite !
Pour ma part, il n'est pas question d'être en retard :
Je serai le vainqueur de ce Bari-Qatar !

PÉGASE

C'est entendu, je cours; mais tu restes immobile!

RICHARD MILLE

Parce que moi *j'ai le temps* dans mon automobile
Rien ne sert de courir il faut avoir le temps.
Pas de haras pour moi! Pas de stress inutile!
Fuyons le temps des Corps et la hâte fébrile
(On entend au loin les klaxons du Tour)

PÉGASE

Depuis que nous sommes partis
Que vois-je (si je ne m'abuse)
À ton coude: ce campanile
Dépassant de ta Bugatti?

RICHARD MILLE

Le Temps: je te le donne en mille!
Je te l'ai dit, fils de Méduse
Je le détiens et le conçois
Et je le suspends à mon poing
Comme un nouvel oiseau de proie!
Quand je consulte cet objet
Le temps s'enfuit et vole au loin
Mais je peux le voir jusqu'en Chine
Si je la regarde de près
Je vois la salle des machines!

PÉGASE
à part

Qui donc inventera, pour mettre autour du cou
La montre molle et les aiguilles en caoutchouc?
Une montre à rebours depuis la fin des temps?
Et pourrons-nous passer dans l'autre monde à temps?

RICHARD MILLE
regardant sa montre

Tu vois: ces coins rentrants sont finis à la main
(Le polissage fut un travail de Romain)
Ces cadrans sont formés d'arènes et cratères
Et de carbone qui a l'âge de la Terre!
Je ne puis que gagner la course avec le temps
Car la précision *est* le point important
— Et pour la fabriquer je me suis mis de mèche
Avec un horloger franc-comtois (près de Maîche)

PÉGASE

J'en suis tout *médusé* ! Prêter tant de valeur
À ce qui va et vient !... Richard, donne-moi l'heure ?

RICHARD MILLE

À ce prix-là ! Te la donner !
Elle vaut des mille et des cents !

PÉGASE

Il ne faut pas s'en étonner
– Mais c'est un peu cher du coup d'œil !

RICHARD MILLE

Ah ! Si tu veux la *louer,* descends :
Tu pourras voir ma montre à l'œil !
(Oui, faisons de l'heure l'éloge :
Ouh ! Le *beau* temps, la *belle* horloooge !)

PÉGASE

Pour moi, en tout je suis tardif
Et je dis toujours l'heure au pif
...
– Mais comment peux-tu dire que l'heure est à toi ?

RICHARD MILLE

Parce que l'heure qu'il est, je me la suis *tatouée.*

SCÈNE II

Lumière de dix heures du matin

La rumeur du Tour s'approche

Passe l'ardoisier, à l'arrière de la moto,
qui tend aux concurrents un tableau
indiquant à la craie :

VOUS ÊTES DANS LES TEMPS

Les concurrents poursuivent leur course de profil

RICHARD MILLE
à l'ardoisier

J'en veux une photocopie !

PÉGASE

Tiens ! Mais voilà Fausto Coppi !

(Arrive Fausto Coppi, surgi du fond,
pédalant frénétiquement
la tête dans le guidon)

RICHARD MILLE
toujours assis à son volant

Je suis ton tifoso, Fausto !

PÉGASE
toujours galopant lentement
battant de l'aile élégamment

On est tes tifosi, Coppi !

FAUSTO COPPI
sans lever la tête

Pas le temps de causer. Ne suis pas en auto !
À mes trousses, j'ai Bartali !
Et à mes côtés, l'Italie !

PÉGASE

Je le trouve bien haletant...

RICHARD MILLE

Cours pas si vite : on a le temps !

PÉGASE

Et nous diras-tu quelques mots ?

FAUSTO COPPI

Sono il cam-pionissimo !
L'unique, patron *del Giro*
Une Bugatti, à pédales

RICHARD MILLE
à Pégase

Mais sur un cale-piedestal !

FAUSTO COPPI

J'ai simplement, un tour d'avance !
Dans la vie, comme, au Tour de France
Quand tu me vois, c'est qu'il est l'heure :
Du vélo, je suis, l'empereur.

PÉGASE

Pourquoi es-tu penché, Fausto ?

FAUSTO COPPI

Pourquoi, es-tu perché, Pégase !
Ce sont les jours, qui sont penchés
Et le temps, déséquilibré
Dès le départ, j'ai mis les gaz
Afin de mieux, le traverser
Car le présent, est *incliné* :
Del lunedi al venerdi
Tous les jours penchés, sont en *di*

PÉGASE

Vivement *sabato,* Fausto !

FAUSTO COPPI

Certo, vivement, samedi.

RICHARD MILLE

Parfois certains jours sont penchés
Et d'autres sont un peu plus droits
Or pour chercher le contrepoids
Un coureur doit se déhancher !
S'il est incliné le présent
Doit l'être *déli-ca-te-ment.*
Mais parfois les jours dégringolent
(Surtout quand on franchit des cols)
Et le dernier, à l'Arrivée
Comme aux dominos – c'est fatal –
Semble alors tellement penché
Qu'il en devient horizontal

FAUSTO COPPI

Mais moi, je mouille le maillot
Richard ! Tu ne connais, rien au vélo
Tu tâtes le temps, au poignet
Et moi je l'actionne, aux mollets

RICHARD MILLE

Mais je connais l'aérobic...

PÉGASE
ravi

Sur le talus salue Simone et Jean Robic !

FAUSTO COPPI

J'ai un cœur qui, bat lentement
Une fois par, minute : écoute
Aussi je se,rai dans longtemps
Centenaire, comme un Yacoute
Ayant roulé, sur le chaos
Et vaincu le, temps par K.O.

PÉGASE

Meilleur ami de l'homme, un beau matin je l'ose :
À mon œil de cheval qui agrandit les choses
On dirait que l'humain de lui-même est imbu !

RICHARD MILLE
corrigeant Pégase

Pour emporter la course, il faut avoir un but !

FAUSTO COPPI

Si je cesse, de pédaler, le Temps s'arrête
C'est la preuve, de l'existence de Dieu
Il est le, Pédaleur, suprême, dans les cieux
Assis sur, notre globe, activant, la planète.
Il actionne, le Temps, qui est Son, corps en feu.
On sent Son, grand effort, sur Terre à, tout instant
Qui s'écoule : le Temps, est le corps de Dieu.
C'est pourquoi, nul ne peut, pédaler tout le temps !
Sauf Dieu lui-même, Illimité, et triomphal !
Gloire à Dieu, Tout-Puissant, éternelle Pédale !

RICHARD MILLE

Tu fais la route en communiant !
Mais sache, quoique tu démontres :
On fait la Course *avec* le Temps
Pas la course *contre* la montre !

se tournant vers Pégase :

(Vous n'avez rien contre la montre, les chevaux ?)

PÉGASE

Surtout *ta* montre Mille, et son temps que j'avale !
Le temps se mange-t-il ? Je suis bien bête, en somme :
Saturne étant le Temps aime à manger les hommes ;
Pour ma part je maudis la bataille d'Eylau
Où l'homme a commencé à manger du cheval !

(On court un instant en silence)

(Le portable de Richard Mille sonne)

C'est pour monsieur Coppi ?... – Fausto, c'est Marguerite !

FAUSTO COPPI

Je ne prends plus, ses coups de fil
C'est mon épouse, (elle m'irrite)
Qui m'appelle, pour dire : *« Allô ?*
Fausto descends, de ce vélo
Cette course est, trop difficile ! »

RICHARD MILLE
indigné

Quelle peau de banane !

PÉGASE
apercevant un obstacle

Attention : un dos-d'âne !

FAUSTO COPPI

Sur mon chemin, les chapeaux volent
Les saints lancent, leurs auréoles
Et l'on m'arrose, de *Chianti*
En criant, *Fausto, Avvanti !*
Ma ! Si je cours, c'est pour chercher
Devant moi mon, frère Serse

SCÈNE III

Lumière de Midi

RICHARD MILLE

Midi ! Repos ! Le temps s'arrête en promontoire :
De ce point culminant on peut apercevoir
La côte du matin et les pentes du soir...

L'ardoisier, à l'arrière de la moto, tend sa pancarte indiquant à la craie :

IL EST GRAND TEMPS

Klaxons du Tour
Les trois coureurs mènent leur course face au public

Quand la lumière atteint son zénith, Let's go Darling fait son entrée
muets de stupeur, les trois concurrents s'arrêtent de pédaler, conduire, galoper ;
la pouliche traverse la scène de Cour à Jardin sensuellement
leur coupe la route perpendiculairement
pendant qu'ils poussent des Oh ! d'émerveillement

FAUSTO COPPI

Ma che bella, che bellezza!
– C'est une heure, pour arriver, ça?

RICHARD MILLE

Mais toute heure arrive à son heure
Et sans crier vient le bonheur!

PÉGASE

Je suis tel que l'autour au ciel majestueux
L'oiseau qui chante en vol et qui pond des œufs bleus
Et je voudrais, tirant ma flemme, non, ma *flamme*!
Te cueillir l'orpin blanc et le trique-madame

LET'S GO DARLING

Je vous attends depuis longtemps
J'étais là dès l'aube des Temps

(Oh! Oh! Oh! d'émerveillement)

Ah! les roues assemblées aux abords de Barrou!
Le matin des départs semblait une aube à roues!

FAUSTO COPPI

On n'est pas à Barrou
Mais on est à Bari

LET'S GO DARLING

Sur l'air de « Ça c'est Paris! » d'après Mistinguett
les trois concurrents esquissent, chacun à leur place, un pas de french cancan

Bari c'est l'bout du monde
Qui plaît à tout le monde
Bari fait l'âme vagabonde
Bari c'est l'Italie
Partis sur nos quatre roues
Partout autour de Barrou
Dites-nous, c'est par où Bari
Barrou, c'est tout l'Poitou
ça c'est Barrou
(reprise orchestrale du refrain final dans la version de 1927)

RICHARD MILLE

Bravo! Bravo!

FAUSTO COPPI

Brava! Brava!

PÉGASE

Hourrah! Hourrah!

LET'S GO DARLING

C'est moi la pouliche bolide : *Let's go Darling*

PÉGASE

Allons-y !

FAUSTO COPPI

Andiamo !

RICHARD MILLE

Monte dans mon sleeping !

LET'S GO DARLING

Ce n'est pas une invite, enfin ! « Let's go Darling »
C'est ainsi qu'on m'appelle – et vous faites du gringue !

(ils reprennent tous trois la course)

Moi, fille de Darling et Ulma du Latou…

RICHARD MILLE

(Sur elle un jour j'ai misé tout…
Ce n'était pas un jour de chance…)

LET'S GO DARLING

…Venant faire la course, et non pas des avances !
Je ne cours pas pour moi (comprenne qui pourra)
Je cours dans l'intérêt supérieur du haras…

PÉGASE

– Et moi dans celui de la notion tout entière !

RICHARD MILLE

Quelle notion ?

PÉGASE

La notion même de courir !
Le mors aux dents, la vie *courante* – et j'en suis fier !

LET'S GO DARLING

…Je suis une grande coureuse…

FAUSTO COPPI

Et moi, je suis, un grand coureur

RICHARD MILLE

Un grand coureur de guilledou ?

LET'S GO DARLING

…Tous les propriétaires m'ont fait les yeux doux
Et j'ai été montée par les plus grands jockeys…

(encore des Oh ! Oh ! Oh ! d'émerveillement)

RICHARD MILLE
riant de lui

Ne suis-je pas moi-même un grand monteur, OK ?

LET'S GO DARLING

… La Monte Young, Morne Capot ou Bobby Troupe
Youri De-Coll, Trinquemaley, Uno de croupe
Érotin, Max Maman ou Alonzo Morning…

PÉGASE
jeu de jambes

Viens avec moi, cheval ailé, Let's go Darling
Belle pouliche de trois ans : et à cet âge
Nous ferons toi et moi et superbe attelage

RICHARD MILLE

Quel jeu de jambes : il faut l'oser !

FAUSTO COPPI

Mais moi, je suis, ankylosé
Je poursuis, mon frère Serse

LET'S GO DARLING

Il est passé voilà déjà un bon quart d'heure
Tu le retrouveras au *Bar de l'Arrivée*
…
(Comment te dis-je ça ? Peut-être ai-je rêvé ?)

PÉGASE
chante
sur l'air de « The Boys in the backroom », de Marlène Dietrich

Devant toi donzelle
Il me r'pousse des ailes
Oui mademoiselle
Repousse des ailes
Repousse des ailes d'amour !
Et l'on me hèle
Si haut dans le ciel
Qu'au 7e ciel je bats de l'aile d'amour !

(la pouliche agite frénétiquement son corps de jeune fille)

(Pégase recommence sa chanson, au deuxième plan sonore)

Avec toi donzelle
Il me r'pousse des ailes
Oui mademoiselle
Repousse des ailes
Repousse des ailes d'amour !

(tandis que reprend Richard Mille :)

RICHARD MILLE

Darling, t'as vu ma montre…

LET'S GO DARLING

ne voyant que Pégase

Oh quel bel étalon !

RICHARD MILLE

Avec mon nom dessus… !

LET'S GO DARLING

pensant à Pégase

Oh vraiment quel talent !

RICHARD MILLE

Darling : ma Bugatti…

LET'S GO DARLING

ne voyant que Pégase

Oh quelles ailes fières !

RICHARD MILLE

Et le quatuor qui joue sur la banquette arrière ?

PÉGASE

Let's go Darling, pour toi j'hennis, j'hennis !
Faisons un plan de vie pour aujourd'hui !
Ce serait bon une fois d'aller l'amble
Mais l'amble à deux ! Et comme bon nous semble !

RICHARD MILLE

son portable sonne

Excusez-moi : j'ai un client au bout du fil
…
(C'est mon ami Jean Todt, Temps-Chef chez Ferrari)
…
– Si je « *fais l'horloge parlante* » ? Tu as ri ? !
…
– EN PANNE ? ! IMPOSSIBLE Ta montre *Richard Mille* ? !)

Le moteur de la Bugatti explose

Scène nommée L'EXPLOSANTE FIXE, *2 minutes 40 :*

Les quatre acteurs étant côte à côte ; de face pour le spectateur :
Côté Cour, Pégase lutine Let's go Darling sur une nappe de pique-nique ;
En milieu de scène, Richard Mille, ayant soulevé le capot de sa voiture,
tente de réparer son moteur en les observant à la dérobée ;
Côté jardin pédale désespérément Fausto Coppi.
Scène muette pendant toute la durée de « Take five », de Dave Brubeck,
avec, sur saxo dominant, les ébats du couple d'équidés
et, pendant le solo de batterie, mime de Richard Mille sur le thème mécanique

LET'S GO DARLING

Le temps n'existe pas si l'on est au repos
Sous un olivier dans la plaine du Pô :
On supprime le temps quand on est allongé
Il est illimité mais on peut le *longer*

FAUSTO COPPI

Et si je prenais, les devants
Moi qui n'existe, qu'en avant ?
Si brusquement, je m'élançais ?
Bien enfoui, dans mon guidon
Ayant avalé, mon bidon
Je rattraperai, mon Serse !

(Regardant les chevaux)

Pendant qu'il lui, compte les côtes
Plaçons mon dé,marrage en côte

(Il quitte la scène à grands pas de loup en mimant le vélo
pendant que Pégase rêvasse)

PÉGASE

Parfois je tire au flanc, parfois je fais du zèle
Il n'est que la vertu pour me donner des ailes !
Au milieu d'une course il est doux, ma pouliche
De caresser tes seins avec mes cils de biche

RICHARD MILLE

C'est bien le moment de chanter
Ma Bugatti a déjanté !

(Il donne un coup de pied de rage dans la carrosserie)

PÉGASE
dans les jupes de Let's go Darling
se moquant de son concurrent

Soulevons ce capot où pas un n'est allé
La voiture aime aussi qu'on soulève sa robe
Et pour les admirer, tant qu'on est étalés,
Fouillons sous ces dessous qu'aux regards on dérobe !

RICHARD MILLE

Qu'est l'amour chez les équidés
On n'en a pas la moindre idée
Va donc, bourrin, cheval tocard !

PÉGASE

Mais toi tu finiras la course en autocar !

RICHARD MILLE

Tous deux vous finirez la course aux Trois-Baudets !
Casse-toi avec ta Rossinante !

PÉGASE

Reste en plan avec ta tocante !

LET'S GO DARLING
pour clore la bisbille

Et vous serez voisins de box
Plus tard à la Century Fox !
Pendant que l'on marivaudait
Fausto, il a pris les devants !

PÉGASE
se relevant

S'il a pris les devants, Fausto, qu'il les rende !
Rends les devants, Coppi !

RICHARD MILLE

Oui, Fausto, *Rends les temps !*

LET'S GO DARLING

Mais il faudrait qu'il vous entende !
Richard, as-tu l'heure par hasard ?

RICHARD MILLE

J'ai l'heure – mais pas par hasard –
Et te la donne dare-dare :

Richard Mille compose le numéro de l'horloge parlante (3619)
et ouvre le micro pour faire entendre l'heure
(On appelle sur scène en direct l'horloge parlante
quelle que soit l'heure)

On n'a pas changé d'ère : il est le néocène.

PÉGASE

Il faut sans trop tarder passer à l'autre scène !

RICHARD MILLE

Moi, je reste sur place : voyez que je répare
Et sachez qu'il n'est *pas* question d'être en retard

SCÈNE IV

Passe l'ardoisier, qui tend son tableau :

Le point au 300 000 kilomètre
POURSUIVANT : Mille (en panne)
GROUPETTO : Pégase & Let's go Darling (en cavale)
ÉCHAPPÉ : Coppi (conforme)
VOITURE BALAI (égarée)

Scène nommée Le batifol

Pégase et Let's go Darling en cavale
volent dans toute la salle :
course au champ libre aérien
euphorie amoureuse hors du temps

PÉGASE

À toute allure j'échappe à l'heure !

RICHARD MILLE
criant de loin

À tout à l'heure !

LET'S GO DARLING
en croupe de Pégase

Fais à ta guise !
Au temps des cavaliers je ne suis plus soumise !

PÉGASE

Prends-moi par l'aileron
Tous deux nous volerons
Loin des troupeaux, des vélos
des villages de l'Oise et des haras de l'Orne
Loin au-dessus des toits d'ardoise !
Courons dans l'univers sans borne
Et que notre galop dépasse le galop !

LET'S GO DARLING

Plus jamais la courbache
Ni le plancher des vaches !

PÉGASE

Se dispenser des hommes
Et de « *faire un podium !* »

LET'S GO DARLING

Si nos cœurs et nos reins s'unissent en un chant
Qu'aux amoureux soit accordé un autre temps !

Complainte des coursiers
à l'orgue de barbarie

Pourquoi ouah aouah, pourquoi cours-je
Y a-t-il toujours queqchose qui ourge
Pourquoi cours-tu pourquoi cours-tu
Tu sais qu'tu vas rentrer fourbu
Pourquoi court-on pourquoi court-on
Dans la vie que nous écourtons

PÉGASE

La vie se passe à différer :

LET'S GO DARLING

– différons !
Vois ma croupe et mon bond !

PÉGASE

De pente en pente aux cimes !
Que se renversent les abîmes !

LET'S GO DARLING

Contre marée lunaire
Et contre vents solaires !

PÉGASE

Un appel sans mesure nous soulève du sol
Diligemment ébrouons-nous sous la Coupole !

LET'S GO DARLING

Oui flânons tous les deux dans les champs d'agapanthe
Les quatre fers en l'air autour des parapentes !

PÉGASE

Bondissons tous les deux dans les champs d'Ernagor
En cirés jaunes sous les pluies de météores

LET'S GO DARLING

Déjà nous survolons jardins et vérandas
Parmi les caroubiers et les jacarandas

PÉGASE

Le présent est malade et le futur perdu :
Courons par embardées au présent éperdu !

LET'S GO DARLING

Ne cours pas ! Rien n'est à un jour près que l'amour !
N'oublie pas d'agiter tes ailes face au vent !
Prends le jour comme il vient, avec les vents portants !

PÉGASE

Zappe la course ! Floute le temps ! Shinte l'heure !
Tombe des nues en impesanteur !
Emportons les arcs de matière !
Crions au-dessus des déserts !

LET'S GO DARLING

Shinte l'heure ! Zappe la course ! Floute le temps !
De la crête au talweg tu m'acclameras quand
Nous irons survoler, en aigles tournoyants,
Le désert de Gobi ou du Taklamakan

PÉGASE

Floute le temps ! Shinte l'heure ! Zappe la course !
Sur les champs Décumates et sur les champs cleftiques
Nous serons suspendus par-dessous la Grande Ourse
En pole position du saut à l'élastique !

LET'S GO DARLING

Avançons prudemment sur le ciel concave
Le bouclier cosmique aux sublimes échos

PÉGASE

De guingois, comme nous, progressent les chevaux :
De travers ! Comme le désir que rien n'entrave
mais en recherche de vitesse !

LET'S GO DARLING

Averti de la mort, chacun s'empresse !
Je vais boire au lavoir inversé du nuage

PÉGASE

« Hypallage » dit-on quand deux mots se chevauchent !
Hippalage : cheval des chemins de halage !

LET'S GO DARLING

Cet avion a tracé un dallage de roses
Je m'abreuve au couchant qui en remplit son auge

PÉGASE

Le ciel en abîme à nos pieds : c'est grandiose !
Je veux voir, inversé, notre globe terrestre
Et penché du balcon à la fosse d'orchestre
Lire l'heure à l'envers sur les montres d'en bas
Voir le grand sablier répandu sur les plages

LET'S GO DARLING

Mon cœur joyeux est à l'étroit dans mon corsage
Comme font les horloges il faudrait parler bas
En fin d'après-midi la Lune est toute pâle
Les sous-marins font craquer la glace du Pôle :
On l'entend dans l'espace où parfois retentissent
Nos hennissements seuls au bord du précipice !

PÉGASE

D'ici l'on voit la mer voûtée
Sous nos sabots enveloppés d'aluminium
(Au sol ils resplendissent pour les astronomes)
Écoutez les chevaux yoddler !

(Yoddlers de Pégase)

LET'S GO DARLING

Lancée comme un frisbee regarde la fusée
Ariane dans un nuage-labyrinthe !

PÉGASE
déclamatoire mais bien

Ariane, lanceur ! par quel amour blessée
Vous vous plûtes aux bords où vous fûtes fusée
Si d'un juste Kourou d'où vous fûtes lancée
Vous quittâtes en vain vos mille murs d'enceinte
Pour les couloirs du ciel où se perd le regard...
Si Dédale est sauvé je veux bien être Icare !

SCÈNE V

Scène nommée Le cirque

Les deux chevaux à la porte d'entrée du théâtre

LET'S GO DARLING

L'heure avance et déjà des spectateurs s'en vont
Pressant le pas discrètement vers la maison

PÉGASE

Le premier arrivé gagne un filet garni
Offert par le théâtre aux Perdants des paris
(Par le patron du PMU
Que les Perdants auront ému)

LET'S GO DARLING
harangue le spectateur qui part

Le poème ennuie quand il demande du temps
Mais toi qui pars ailleurs ton pari est perdu
Tu ne quitteras pas la course en nous quittant
Elle se continue tout autant dans la rue !

PÉGASE

À l'horloge parlante s'ajoute la criante
Lançant : « *Le temps s'en va et toi aussi !* »
Tu as l'horloge hurlante : « *Il est trop tard ici !* »
Mais nous faisons entendre l'horloge chantante !

LET'S GO DARLING
au spectateur

Reste un moment, passant : considérons le temps
(Car tel est ici-haut le seul, le grand spectacle) :
Puisque le temps s'écoule, il emplit quelque chose !
Eh bien, à l'autre bord, dans un grand réceptacle
Il s'accumule dans une outre : l'Outre-à-Temps.
Regarde bien Pégase, il va prendre la pause
Pour arrêter son cours : ainsi tu pourras voir
Le temps remplir complètement ce réservoir.
Pégase est un ancien cheval de chez Barnum
Pour toi il va bloquer les moulins de la voûte
En y introduisant ses quatre gros sabots
Attention tu vas voir pendant qu'il s'arc-boute
L'engrenage de l'aube arrêtée pour les hommes,
La roue dentée du temps s'interrompre : c'est beau !

(Musique de cirque
Pégase se renverse et pédale des quatre fers en l'air
cherchant à bloquer les roues du temps)

RICHARD MILLE
fâché, criant depuis la scène

C'EST VOUS LES AMOUREUX, QUI CHAHUTEZ LE TEMPS ?!
Mais moi aussi j'en ai besoin : puisque j'attends !
Le temps est immobile : il n'est pas arrêté !
Relâchez les poulies, libérez ses ressorts,
Cessez de l'entraver sinon nous sommes morts !
Revenez dans la course avec célérité !

(Let's go Darling et Pégase
reviennent à la scène,
l'un derrière l'autre,
au petit trot)

LET'S GO DARLING

J'aurais tant voulu voir les îles Aléoutiennes
Dans la ligne brisée au bout du Pacifique
Où le temps se replie ; son arrière-boutique :
Nous languir avec lui derrière ses persiennes

PÉGASE
vire sur l'aile

L'Outre-temps, ma chérie, ce sera pour plus tard

SCÈNE VI

Noir et silence, brusquement
On n'entend que le pas de course de Pégase sur les planches
Lumière crue, soudaine, en douche
Pégase court, de face
Let's go Darling, assise en croupe, ventre énorme, tricote
à l'arrière de la moto, l'ardoisier tend sa pancarte indiquant à la craie :

LE TEMPS PASSE

PÉGASE

Ouf ! quelle course que la vie !

LET'S GO DARLING

Pourquoi la vie est-elle une course ?

PÉGASE

Parce qu'on risque de la perdre

LET'S GO DARLING

Qu'est-ce qu'on gagne à l'Arrivée ?

PÉGASE

On gagne de ne plus courir

LET'S GO DARLING

Pourquoi dès maintenant ne plus courir ?

PÉGASE

Parce que ce serait l'Arrivée

(Long silence)

SCÈNE VII

Klaxons du Tour au loin
La lumière tourne au crépuscule côté Jardin
Richard Mille, Pégase, Let's go Darling
de profil l'un derrière l'autre, en direction du Couchant

RICHARD MILLE
le coude à la portière de sa Bugatti, toujours immobile

Enfin ! les revoilà, nos joyeux étalons !
Je commençais aussi à trouver le temps long !

PÉGASE
épuisé

T'as pas une heure à nous donner ?
Une heure même à vue de nez !

RICHARD MILLE

On dirait que tu la mendies
Et qu'on entend « *T'as pas cent balles ?* »
Les gens croient que le temps s'emballe !

LET'S GO DARLING
chantonne

Je veux revoir ma Normandie…

RICHARD MILLE

Bon, je consulte ma breloque :
J'ai l'heure *(surpris)* ! It's late aux cloques.

PÉGASE

Quoi ! Il est déjà laite ? Il est déjà tard d'heure ?

RICHARD MILLE

L'est-il ? Il l'est. C'est l'heure dite.
Qu'avez-vous fait de votre fuite ?

LET'S GO DARLING

Le temps s'est suspendu en un canter d'amour
Un voyage de noce loin du cavalcadour !

RICHARD MILLE

Vous voilà bien avancés !

PÉGASE

As-tu tant progressé
Richard, dans ton bolide ?

RICHARD MILLE

Ma montre par bonheur n'a pas pris une ride!

PÉGASE

Mais tu n'avais pas ces cheveux blancs, ce matin
On t'a vu le poil bai et le teint enfantin!

RICHARD MILLE

Heureux celui qui a voyagé dans l'espace
Et revient comme Ulysse au village angevin –
Mais au retour il voit des rides sur sa face
Annoncées par la théorie de Langevin
...
Et toi aussi tu as blanchi, sous le harnais!

PÉGASE

Je n'ai fait que courir depuis que je suis né:
J'ai passé la moitié de la vie sans la voir
Oh! Je veux seulement boire dans l'abreuvoir
Où j'ai bu tout à l'heure avec Let's go Darling
Quand librement au ciel nous faisions un footing
Laissez-moi seulement vivre l'instant passé:
Étant passé à peine il est juste à côté
J'avance d'un moment parce que j'accélère
Je remonte le temps si je cours à l'envers

(Pégase essaie de galoper à l'envers)

LET'S GO DARLING

Le temps meurt lui aussi: on dit bien *« un temps mort »*

PÉGASE

Prendre son temps c'est donc prendre de la hauteur
(C'est ce que l'on a fait pendant l'après-midi)

RICHARD MILLE

Le temps s'en va, le temps s'en va, Pégase
Las le temps, non, mais nous... Je paraphrase!

(Son portable sonne)

Mais mon portable sonne. Un instant. *(aux chevaux)* – C'est l'auteur!

L'AUTEUR
au portable depuis le balcon

Ne me fais pas dire ce que je n'ai pas dit!
On entend Du Bellay maintenant c'est Ronsard!
Je sais bien que tout ça est toujours à refaire!
Mais Richard, t'as vu l'heure? Hâtez-vous, il est tard
Et tu vois que les gens ont des courses à faire!

RICHARD MILLE
aux chevaux

Déjà la route est dure et l'auteur nous bouscule
Alors que l'on s'éreinte pour son opuscule

LET'S GO DARLING

À l'heure il faut toujours remettre les pendules

PÉGASE

La zizanie fait mauvais genre au crépuscule!

RICHARD MILLE

Courez, chevaux: impératif catégorique!
Courez et cessez de vous croire allégoriques!

(Pégase et Let's go Darling dépassent Richard Mille)

PÉGASE

À tombeaux grands ouverts
Fonçons dans l'univers!

LET'S GO DARLING

Trottons sans accident
Tant que le jour descend...

RICHARD MILLE
ironique

Hâtez-vous, les coureurs, vous êtes à la bourre!

LET'S GO DARLING

On ne dirait cela qu'aux chevaux de labour!

PÉGASE

Bientôt la ligne droite des Michaudières!
Que nos ombres encore étirées nous devancent!

RICHARD MILLE

D'après moi je suis en avance

LET'S GO DARLING

Alors chante, Richard, et danse à l'arrière!

RICHARD MILLE
seul à l'arrière chante un
Tango pour Ayrton Senna

Dans tel pur virage asséna
Où la déroute s'immola
À tombeau grand ouvert fonça
Pied au plancher la terre quitta
Si vite le seuil franchissa
Le temps de dire dieu! s'écria
L'drapeau à damier s'agita
Passa vivant dans l'au-delà

SCÈNE VIII

Klaxons du Tour au loin

Toujours de profil en direction Jardin
les trois concurrents croisent
Fausto Coppi
prostré au bord de la route

PÉGASE

Tiens revoilà Fausto Coppi
Ferait-il un arrêt pipi?

LET'S GO DARLING

Que fait-il sur le bas-côté
Aurait-il un point de côté?

PÉGASE

Qu'est-ce qui va pas Fausto?

FAUSTO COPPI

Io sono, finito!

LET'S GO DARLING

Qu'est-ce qui va pas Coppi?

FAUSTO COPPI

E completa,mente flapi

RICHARD MILLE

Est-ce un inter,mezzo?

FAUSTO COPPI
éclate en sanglots

Je suis bon, pour l'hosto!
J'ai perdu, mes deux rou-ou-oues
Au départ, de Barro-ou-ou
En haut de, l'Alpe-d'Hue-e-ez
Tous les gens, m'ont hué-é-é
Je cours sous, les lazzi,
Dénis, tutti quanti
J'ai grimpé, en danseuse
Sur la gran,de chartreuse
Suis démis, le ménisque
En montant, à Manosque
Et tourné, le mollet
En haut du, Tourmalet
Pour Qatar, c'est trop tard
Je vous rends, mon dossard
Et l'épin,gle à nourrice
Foutu pour, Bari-Nice
Suis tombé, hors délai
Dans la voi,ture balai!

PÉGASE

Prends un peu de hauteur, Coppi et parle-moi
On perdrait son latin devant un tel émoi
var.
[On ne pige que pouic à ce que tu dis là]

Pégase se penche vers lui, pour traduire;
(en se baissant, on voit qu'il souffre du rein)
Fausto Coppi sanglote:

FAUSTO COPPI

Io receivuto…

PÉGASE

…Oui, j'ai recevu…

FAUSTO COPPI

Oune telefono…

PÉGASE

…Oui, un coup d'fono…

RICHARD MILLE

C'est Bruna qui lui dit d'arrêter le vélo!
(Pégase fait signe de laisser parler Fausto Coppi)

LET'S GO DARLING

À mon avis c'était un coup de fil bidon!

(Pégase fait signe de le laisser parler, enfin!)

FAUSTO COPPI

Ecco, ecco, il bidone della madone!

PÉGASE

Mais ton bidon est vide, il y a maldonne!

FAUSTO COPPI

Ce n'est pas ma, femme Bruna
(Bruna n'aime, pas le vélo
Et veut que je, cesse illico)
Mais ma maîtres,se Marguerite
Qui m'a dit voi,là ton repas:
Dans ton bidon, de l'eau bénite!
— Et quand je bois cette eau bénite
Je pédale deux fois plus vite

PÉGASE

Et d'où tu tient-elle cette eau?
D'un bénitier particulier?

FAUSTO COPPI

Ma del dottore Fausto!
Et à l'insu, de mon plein gré,
Je roule à un, rythme endiablé

PÉGASE

Ne sais-tu pas que l'eau bénite
Sur le Giro est interdite
Tu ne vas pas te mettre à dos le Vatican!

RICHARD MILLE

Et toi cheval ne serais-tu pas claudiquant?

PÉGASE

C'est ce taon qui me pique
Depuis mon batifol
Le revoilà: O taon

(d'une claque sonore sur sa croupe)

Suspends ton vol!

LET'S GO DARLING

Contre les piqûres de taon
Nous n'avons, dans le monde hippique
À proposer que des œillères:
On ne l'a donc pas vu, hier

FAUSTO COPPI

Ce qui est de souffrir, j'en connais, un rayon

PÉGASE

Nous de même ! C'est pour ça que nous rayonnons

RICHARD MILLE

C'est ainsi que le soleil darde !
(Et que votre course retarde)

LET'S GO DARLING

Ah ! Ces flammes d'amour et ces drames humains
S'ils sont dissimulés n'en sont que plus intenses
S'ils irradient l'espace on doit les voir de loin… !

RICHARD MILLE

Et bien plus loin qu'on ne le pense !

SCÈNE IX

Longs rayons rouges côté Jardin
À l'arrière de la moto, l'ardoisier tend sa pancarte indiquant à la craie :

ARRIVÉE : 1 KM

il détourne son visage et l'on aperçoit qu'il a une tête de mort

PÉGASE
en boîtant mais emboîtant le pas

Mais Richard Mille
Quelle heure est-il !

RICHARD MILLE

Il est mille heures !

FAUSTO COPPI
s'efforçant de les suivre

Mais quel malheur !

PÉGASE

Les sabots pris dans la mécanique quantique
J'hennis, j'hennis, j'hennis, tout simplement j'hennis
Car chaque heure a le poids d'une brève agonie

RICHARD MILLE

Le temps qu'on voit passer, voilà le seul remède !

LET'S GO DARLING

À chaque battement de notre cœur hippique
Tellement plus rapide que celui d'un bipède
Je ressens le harpon : que le harpon est doux !
Que faire ? On est dans la ouate ! Ouate to do !

PÉGASE
désabusé

S'agripper aux empreintes des oies dans l'espace !

RICHARD MILLE
coude à la portière, toujours au volant
de sa Bugatti en panne et qui reste en plan

Montez dans ma voiture à faire du surplace !

LET'S GO DARLING
s'installant confortablement sur la banquette arrière
les jambes allongées sur le fauteuil avant

A-t-on déjà vu une pouliche en voiture ?
Depuis que je chevauche Pégase, j'ai les fesses dures

PÉGASE
penché en avant, attelé à la voiture

Les paris sont perdus car il fallait miser
Uniquement, infiniment, sur le galop !
Je finirai constellation pour amuser
Et signaler au ciel la fin des haricots...

FAUSTO COPPI
appuyé sur le coffre arrière pour pousser la voiture

Laissez-moi arriver, par moi-même à mes fins !
Je cherche mon Serse, qui dois ronger son frein

PÉGASE

À ma mort je vivrai encore un bon quart d'heure
Dans le regard impressionné d'un spectateur

RICHARD MILLE

Il n'était pas question pour nous d'être en retard
Et tu n'es pas loin d'arriver premier – Richard !

FAUSTO COPPI

poussant la Bugatti
chante sur l'air de Charles Trénet

Revoir Bari
plus jamais Bartali
revoir Bari
et plus jamais Bruna
revoir Serse
avec Ettore Andrea
et ce jour-là
finita la bichicleta

PÉGASE

À l'infiniment grand je m'offre s'il existe!
Pour les barques du ciel, comment faire naufrage?
Imprimons sur nos yeux un dernier paysage
Et que ce soit celui de L'Échelle*, s'il persiste!

(Pégase penché, tirant laborieusement la Bugatti
poussée péniblement
par Fausto Coppi haletant;
Le quadrige invectif disparaît lentement côté Jardin
dans la lumière couchante)

FAUSTO COPPI

poussant la Bugatti

Est-ce que je suis, toujours en tête?

PÉGASE

Tout à fait, Fausto!

LET'S GO DARLING

Sans souci, Coppi!

RICHARD MILLE

Faut être en tête dans sa tête!

FAUSTO COPPI

haletant

C'était encore un jour, penché, aujourd'hui!

PÉGASE

Lorsque le corps est flèche le but importe peu!
Il ne peut pas mourir celui qui devient père!

* On adapte une rime spéciale à chaque lieu de représentation.

LET'S GO DARLING

Gravis la hiérarchie des anges, tu le peux !
Disparais dans l'étonnement d'être éphémère !

Exeunt

On entend La Damnation de Faust, *d'Hector Berlioz, Partie IV, scène 20*

PLANÉTAIRE-TELLURIUM,
détail
PLANETARIUM-TELLURIUM,
detail view

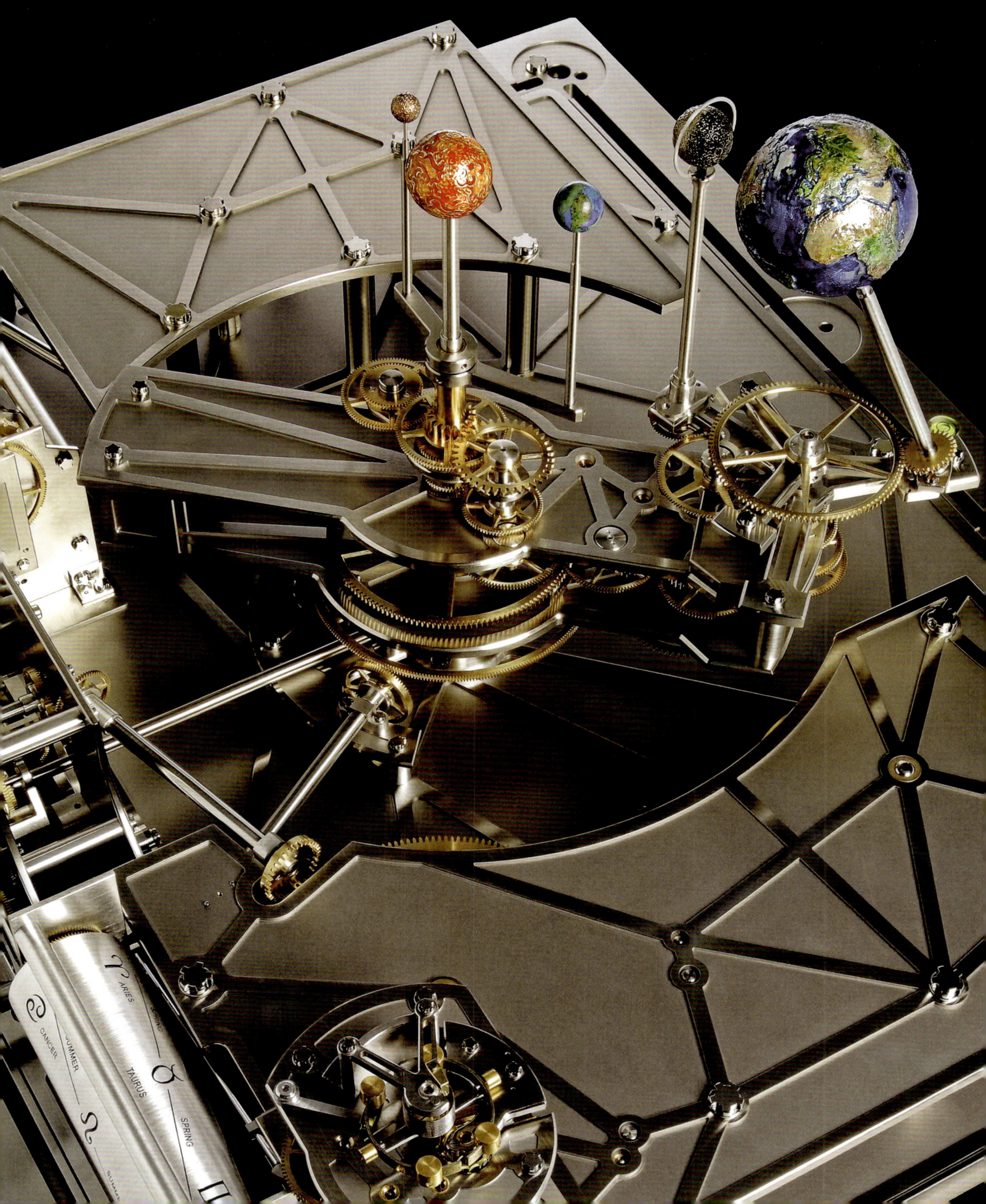
ARIES
TAURUS
CANCER
SPRING

RM 005
Détail de la couronne
Detail of the crown

RM 005-1
Dessous d'une boîte vide
Bottom of empty case

RM 005-1
Détail d'une vis de boîte (vue arrière)
Detail of a case screw (from the back)

double page suivante / double spread overleaf

RM 005-1
Dessous de la boîte (9 heures)
Back view from the case (9 o'clock)

STANT 100M
750

WATER RES
18K

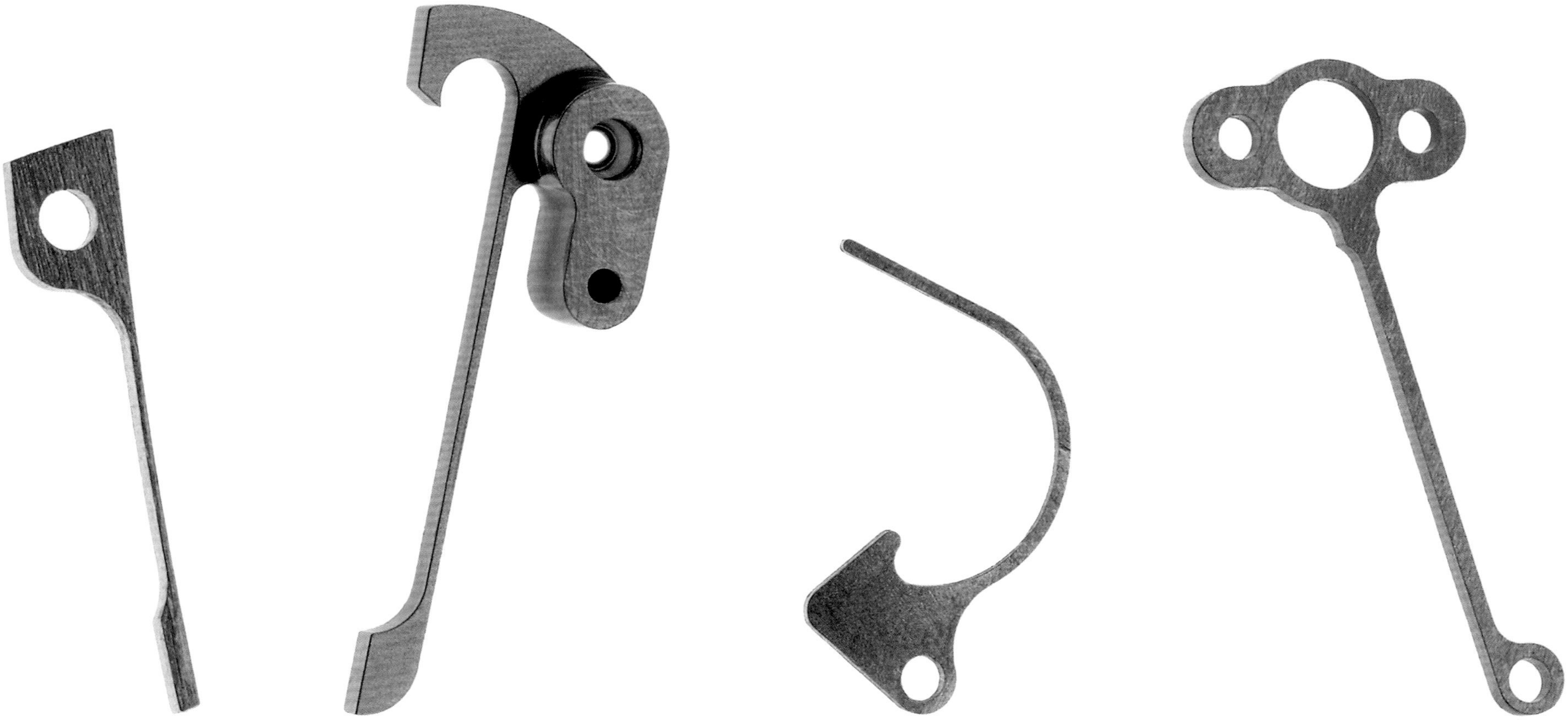

RM 008-1

Ressort de bascule compteur, cliquet de marteau, ressort de tirette, ressort de pince rattrapante
Minute counter lever spring, hammer click, yoke spring, split seconds clamps spring

Ressort capteur de couple, ressort de marteau, sautoir de compteur minutes, ressort de cliquet
Coupling clutch mechanism spring, hammer spring, minute counter jumper spring, click spring

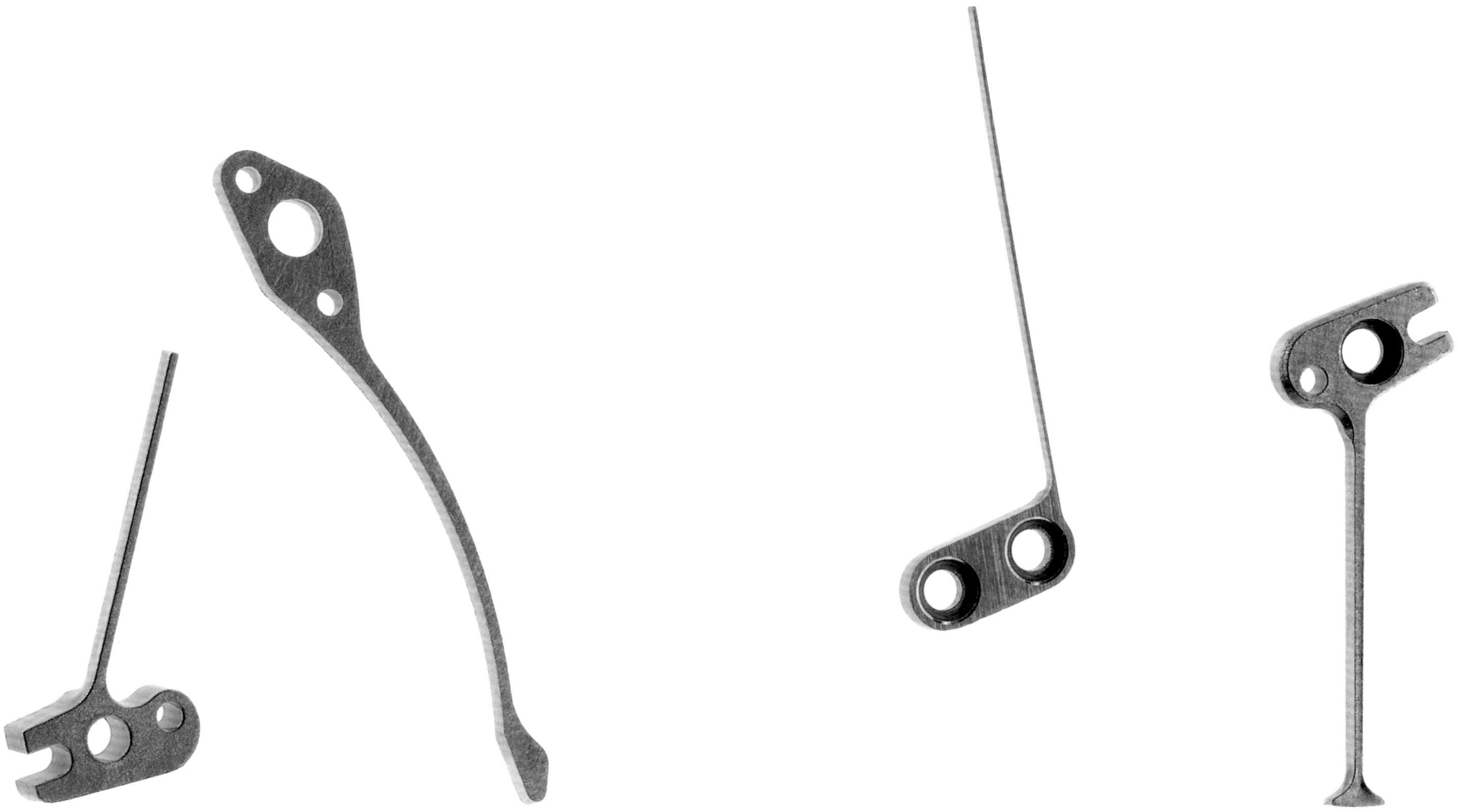

RM 008-1
Ressort de levier de tirette, frein de chronographe, sautoir de roue à colonne
Setting lever spring, chronograph wheel brake, column wheel jumper spring

(page de droite) Ressort de commande rattrapante, sautoir de roue de colonne de rattrapante, ressort de bascule d embrayage
(right page) Split seconds command spring, split seconds column wheel jumper spring, chronograph engagement lever spring

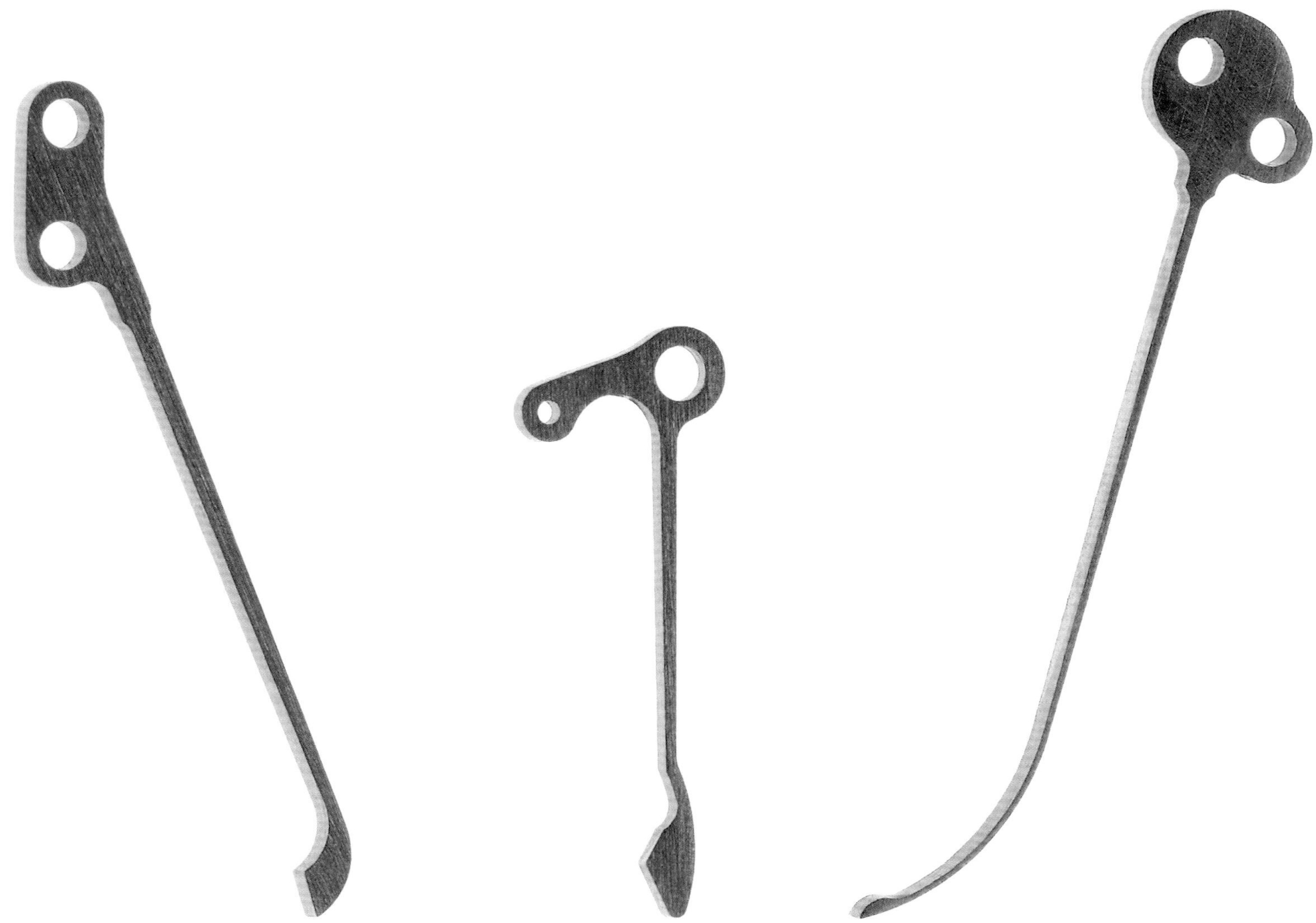

RM 008-1

Poussoir de commande de rattrapante,
ressort de friction,
porte piton de Genève,
cliquet de commande de rattrapante,
levier de réserve de marche,
cliquet de roue à colonne

Split seconds commmand pusher,
friction spring,
stud holder,
split seconds command click,
power reserve indicator lever,
column wheel click

RM 008-1
Pont de chronographe/rattrapante, levier de rattrapante
pont de commande rattrapante
Chronograph/split seconds bridge jumper spring lever
split seconds command bridge

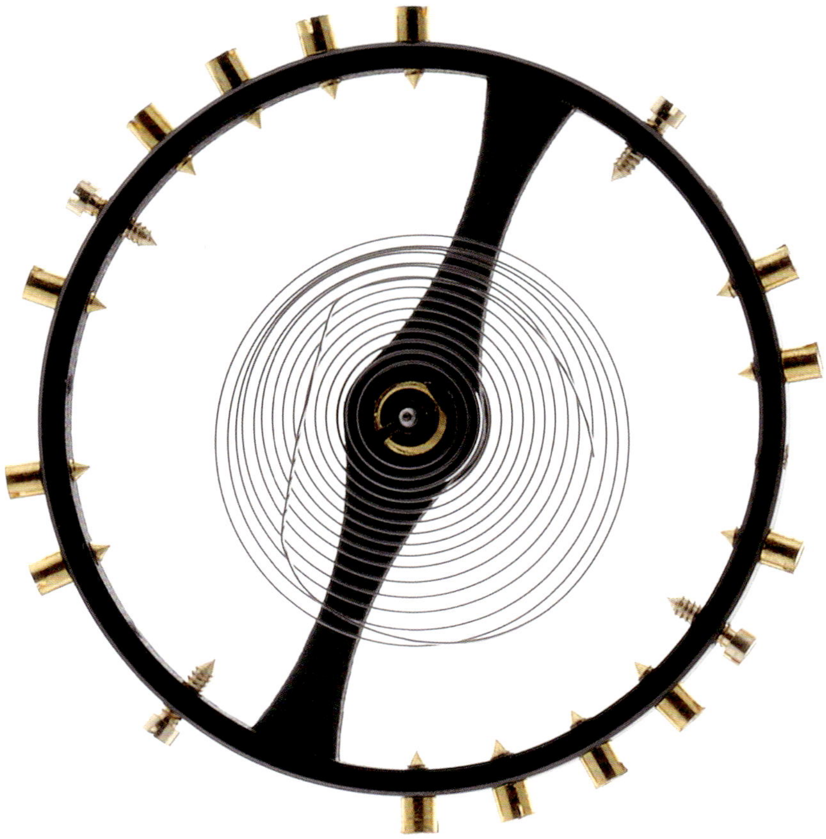

SWISS
1 0 . 5

page de gauche / left page

RM 008-1
Balancier à vis réglantes PVD noir
Balance wheel with black PVD regulating screws

RM 007-1
Balancier PVD noire
Balance wheel in black PVD

RM 008-1
Ressort de barillet,
roue d'échappement avec pignon
Barrel mainspring,
escapement wheel with pinion

page de droite / right page

RM 008-1
Mobile de grande moyenne avec pignon
Center wheel with pinion

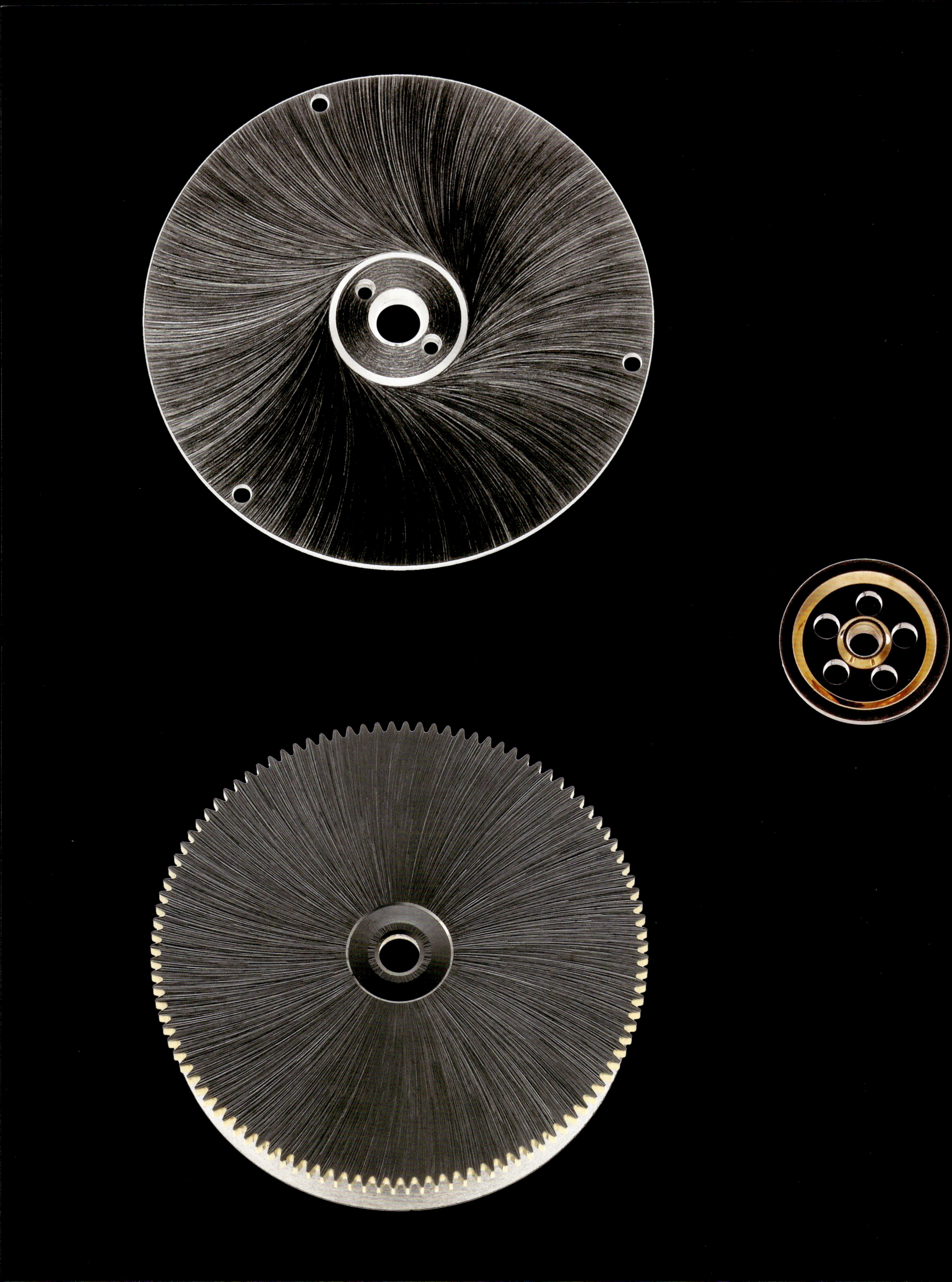

double page précédente / previous double spread

RM 002/RM 003
Couvercle de barillet soleillé; tambour de barillet
cône de réserve de marche (au centre)
Winding barrel cover; winding barrel and power reserve cone (middle)

RM 002/RM 003
barillet monté
assembled winding barrel

RM 008-1
Axe de compteur minute, cœur de chronographe rattrapante,
roue de chronographe assemblée
Minute counter axis, split seconds heart piece, assembled chronograph wheel

page de droite / right page

RM 008-1
Roue entraîneuse, roue d'embrayage, roue de couronne,
planche de compteur minutes, planche de chrono PVD noir, roue de rattrapante
Driving wheel, engagement wheel, crown wheel, minute counter plate;
black PVD chronograph plate, split seconds wheel

RM 008-1
Roue fixe de secondes (recto verso), roue de minuterie PVD noir (recto verso)
Fixed seconds wheel and black PVD minutes wheel counter (front and back)

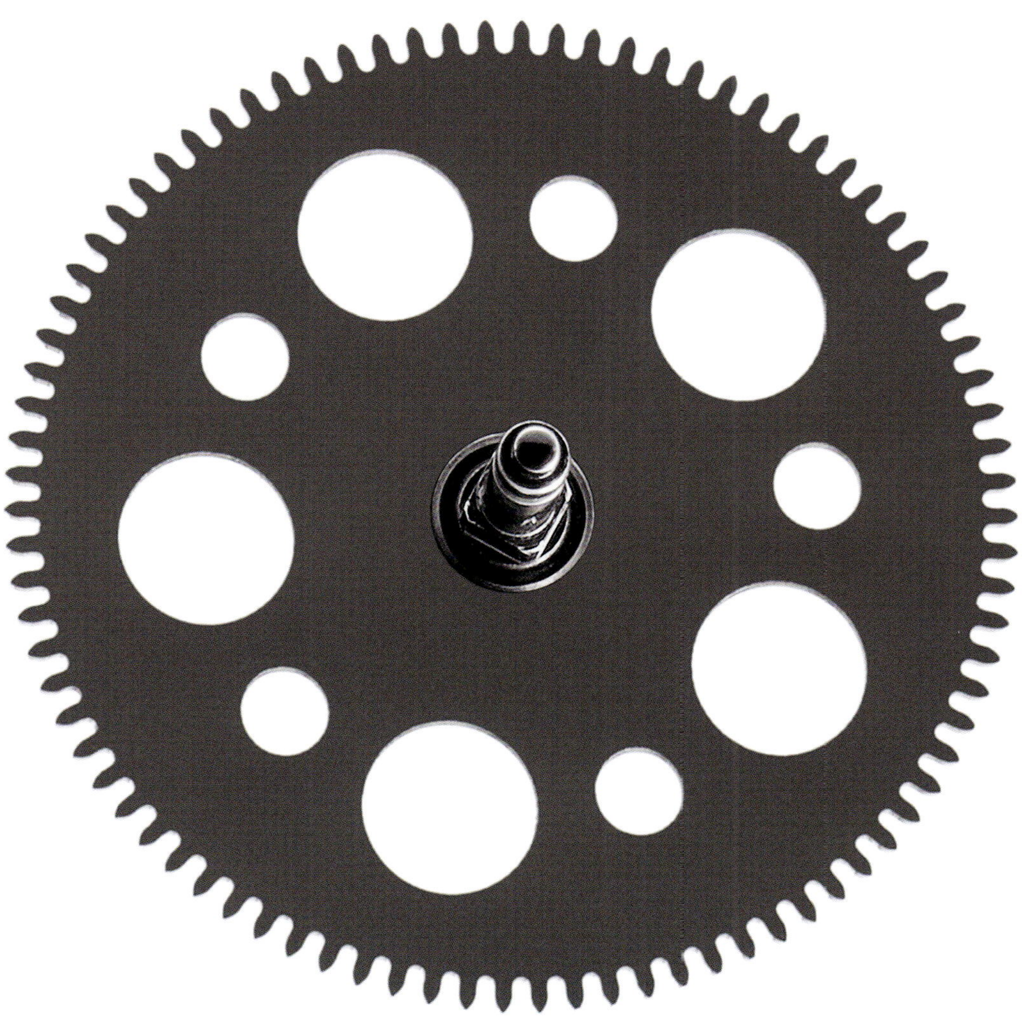

RM 005
roue de centre
center wheel

double page suivante / double spread overleaf

RM 008-1
Pince de rattrapante, pince de rattrapante côté compteur, marteau de chronographe, bascule d'embrayage
Pair of split seconds pincers, chronograph hammer lever, chronograph clutch lever

RM 002/003/008
Roue à canon PVD noir, pignon de la cage, renvois de couronne
Black PVD treated cannon wheel, cage pignon, crown wheels

double page précédente / previous double spread

RM 003-V2

Couronne avec son poussoir de sélection de fonctions

Crown with pusher for function selector

RM 005

Vue détaillée de la couronne en titane avec bague Alcryn

Detailed view of titanium crown with Alcryn ring

page de droite / right page

Éléments du mécanisme du poussoir

Parts for the pusher mechanism

2

750
18K

doubles pages précédentes / previous double spreads

RM 003-V2
Couronne et bouton poussoir d'accès aux fonctions
bouton pressoir de correction de fuseau horaire

Crown and pusher for fonction selection
pusher for adjusting time zone indication

RM 003-V2
Poussoir de correction de fuseau horaire

Pusher for adjusting time zone indication

RM 003-V2
Vue horizontale à 6 heures (gauche et droite)
Horizontal view from 6 o'clock (left and back)

RM 003-V2
Détail du mouvement côté fond, boîte et couronne
Back detail of movement, case and crown

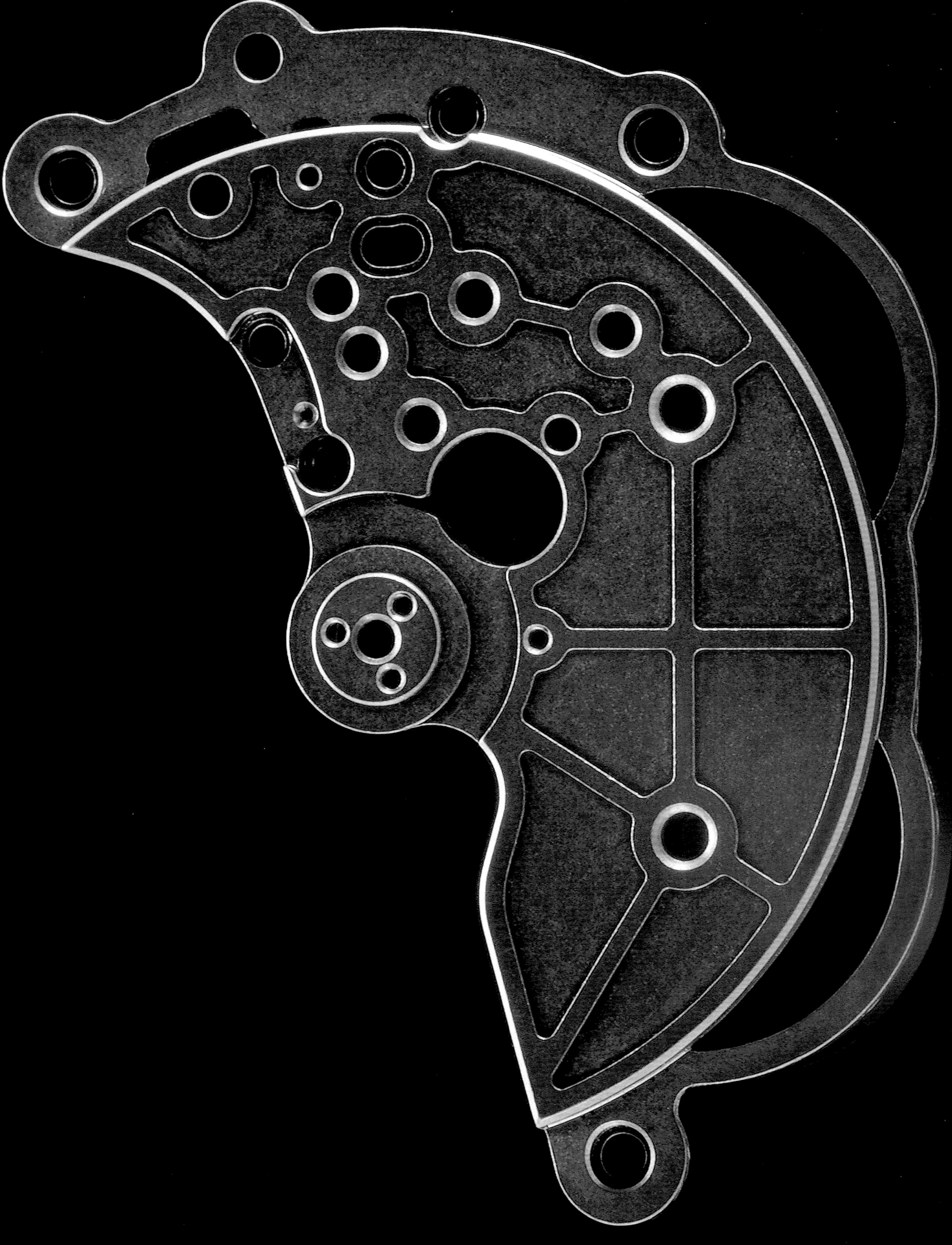

RM 005
Pont de minuterie et de mécanisme de mise à l'heure
Hand setting mechanism bridge

RM 008-1
Pont de centre
Center bridge

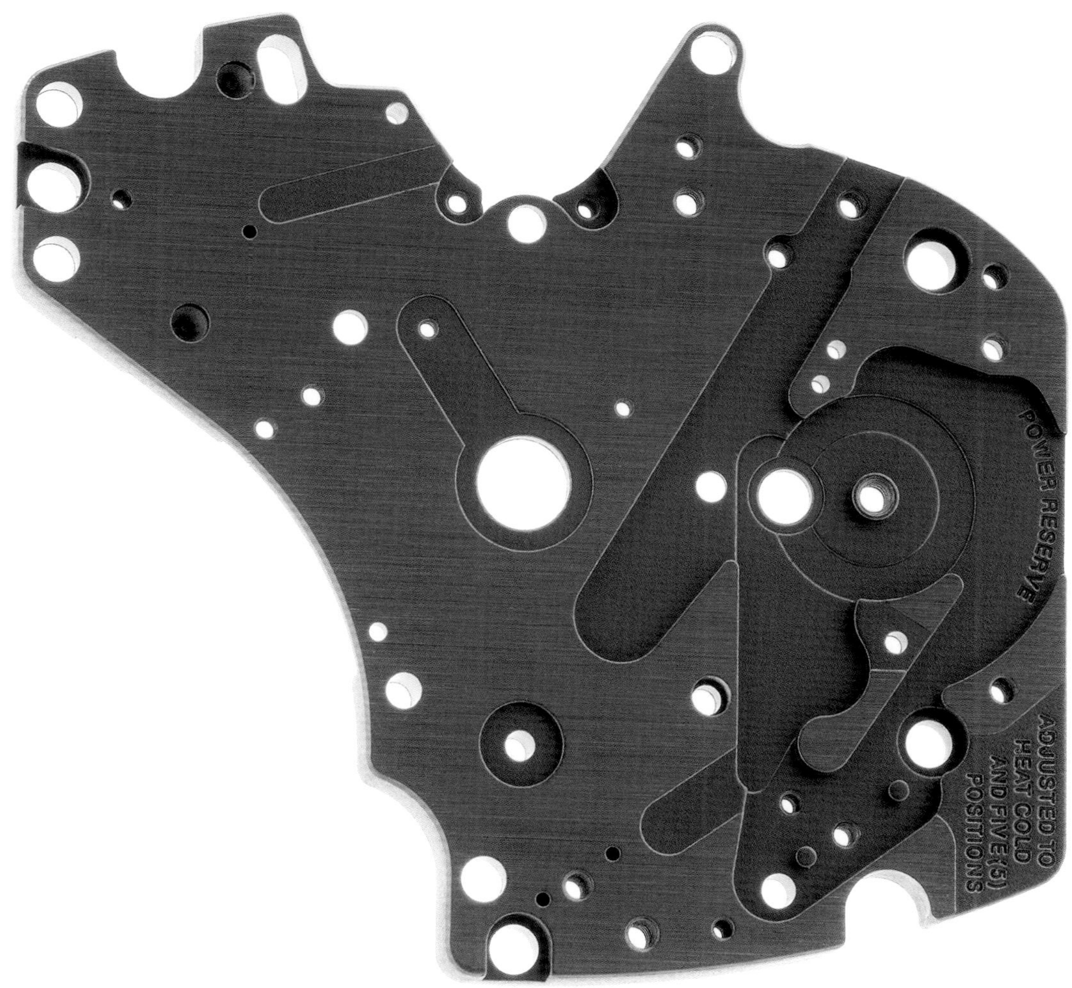

RM 005
Dos du pont de barillet
Barrel bridge (back)

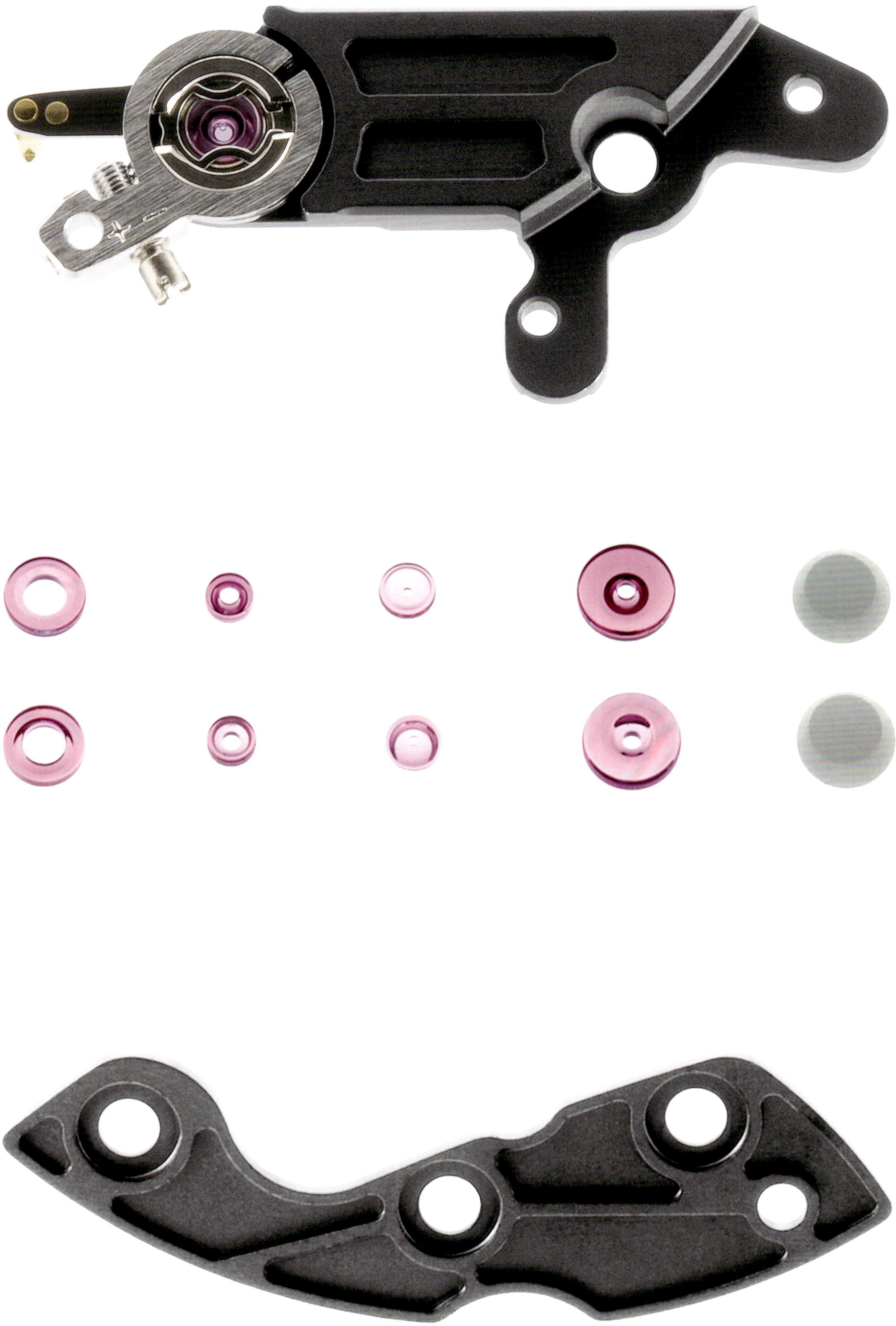

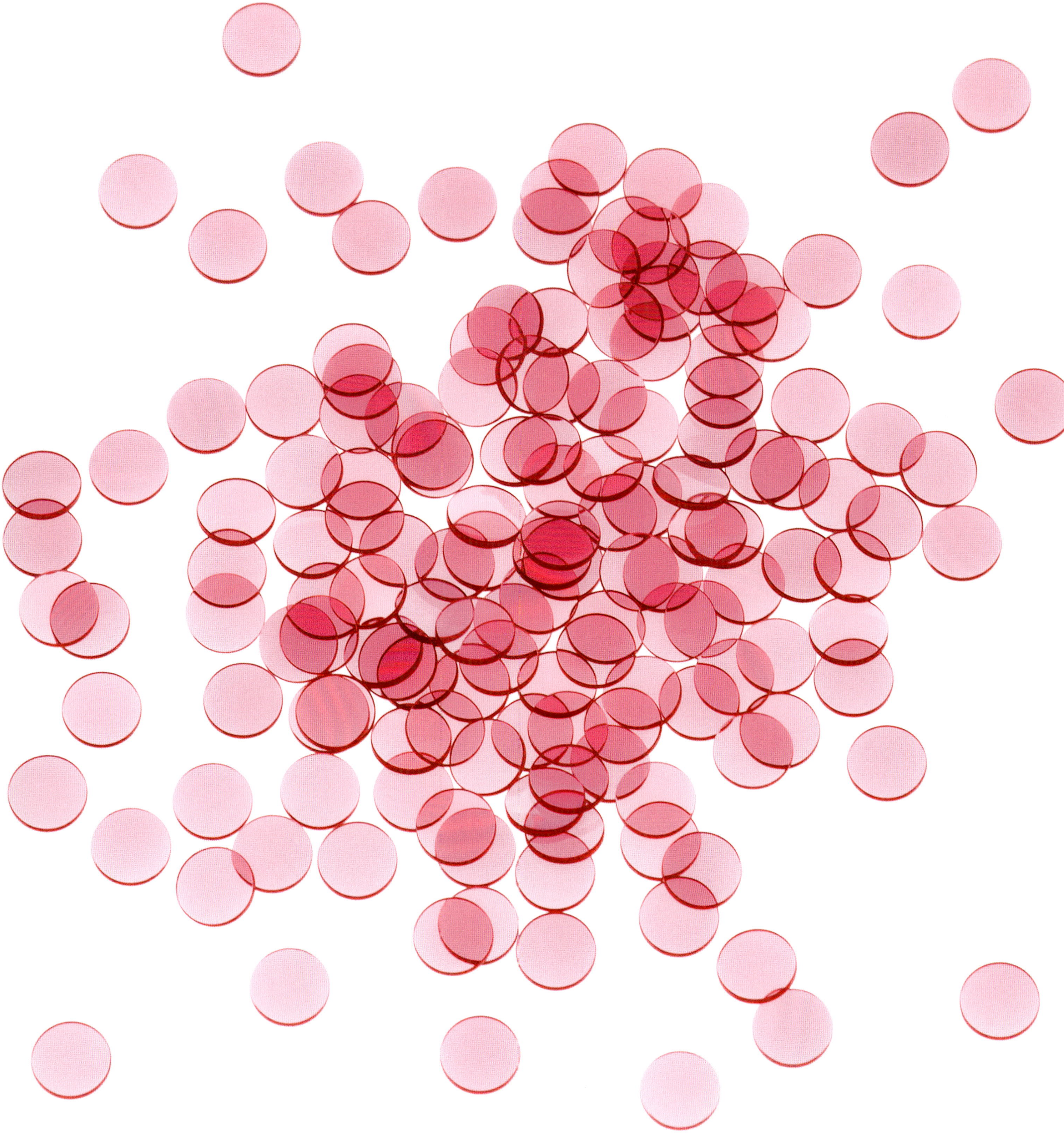

double page précédente / previous double spread

RM 005

Pont balancier prémonté, différents rubis (RM 008), pont sautoir

Assembled balance cock, various rubbies (RM 008), date jumper bridge

Rubis de contrepivot

Endstone jewels (rubbies)

RM 005

Pont de rouage

Wheel train bridge

RM 010

Pont de barillet et de système automatique prémonté

Barrel bridge with partially assembled automatic winding mechanism

RM 007
Plaque maintien du quantième, bâti automatique,
pont de barillet, pont de rouage
Date plate, automatic bridge, barrell bridge, wheel bridge

page de droite / right page

RM 002-V2/RM 003-V2
Point de barillet assemblé, pont de centre assemblé, pont de barillet bas
Assembled barrel bridge, assembled center bridge, lower barrel bridge

double page suivante / double spread overleaf

RM 002/RM 003
Pont de barillet de remontoir
avec chaton en or blanc 18 carats et rubis
Winding barrel bridge
with 18 carat white gold chaton and ruby

TORQUE INDICATOR (dN·mm)
EVOLUTION II
POWER
RESERVE
THIRTY (30) JEWELS
ADJUSTED TO HEAT COLD
AND FIVE (5) POSITIONS
RICHARD MILLE
SWISS

RM 008-1
Boîte en or gris 18 carats
Case in 18 carat white gold

RM 005
Boîte en or rouge 18 carats
Case in 18 carat red gold

ER RESISTANT 50M
750
18K

MADE
RICHARD MILLE

doubles pages précédentes / double previous spreads

RM 008

Poussoir de rattrapante et couronne

Split seconds pusher and crown

RM 008

Fond de la montre et poussoirs de chronographe et de remise à zéro

Back of the watch with chronograph and reset pushers

RM 008-1

côté et fond (vues de 9 heures et de 3 heures)

side and back (9 o'clock and 3 o'clock)

doubles pages suivantes / double spreads overleaf

RM 008-1

Vue horizontale (9 heures)

Horizontal view (9 o'clock)

RM 008-1

Fond avec poussoirs de chronographe et de remise à zéro

Back with chronograph and reset pushers

WATER RESISTANT 50M

RICHARD MILLE
CHRONOGRAPH
TACHYMETER

RICHARD MILLE
WATER RES
18K

750
STANT 50M
RM008 AE WG/09

RM 008-1
mouvement de chronographe rattrapante
split seconds chronograph movement

THIRTY-SEVEN

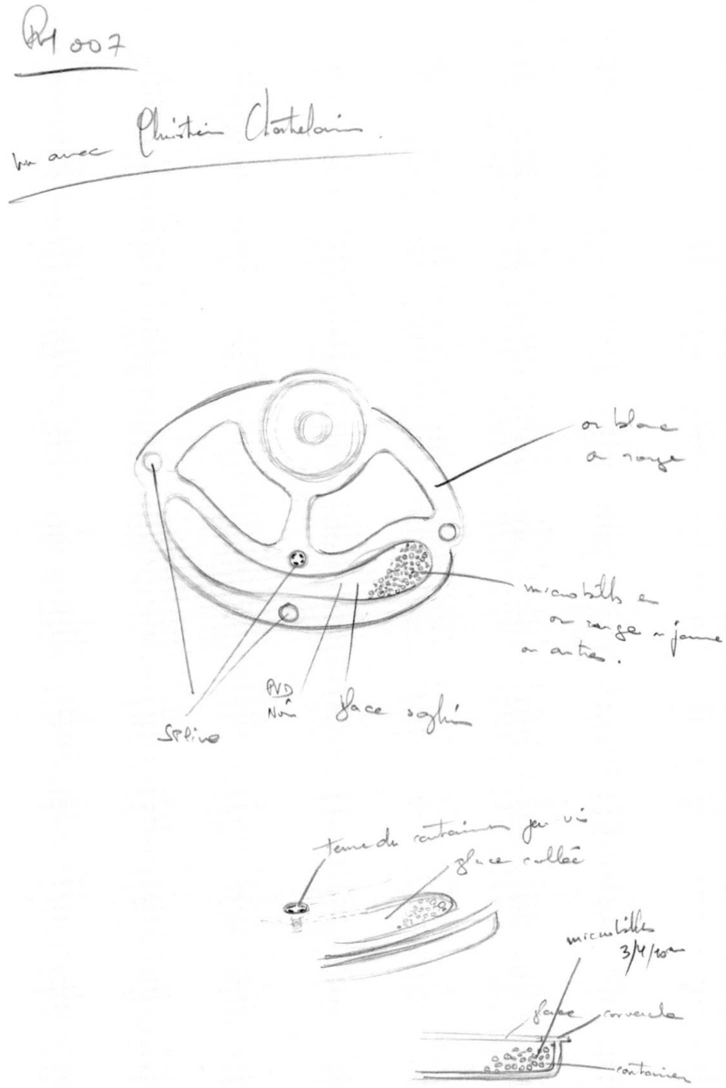

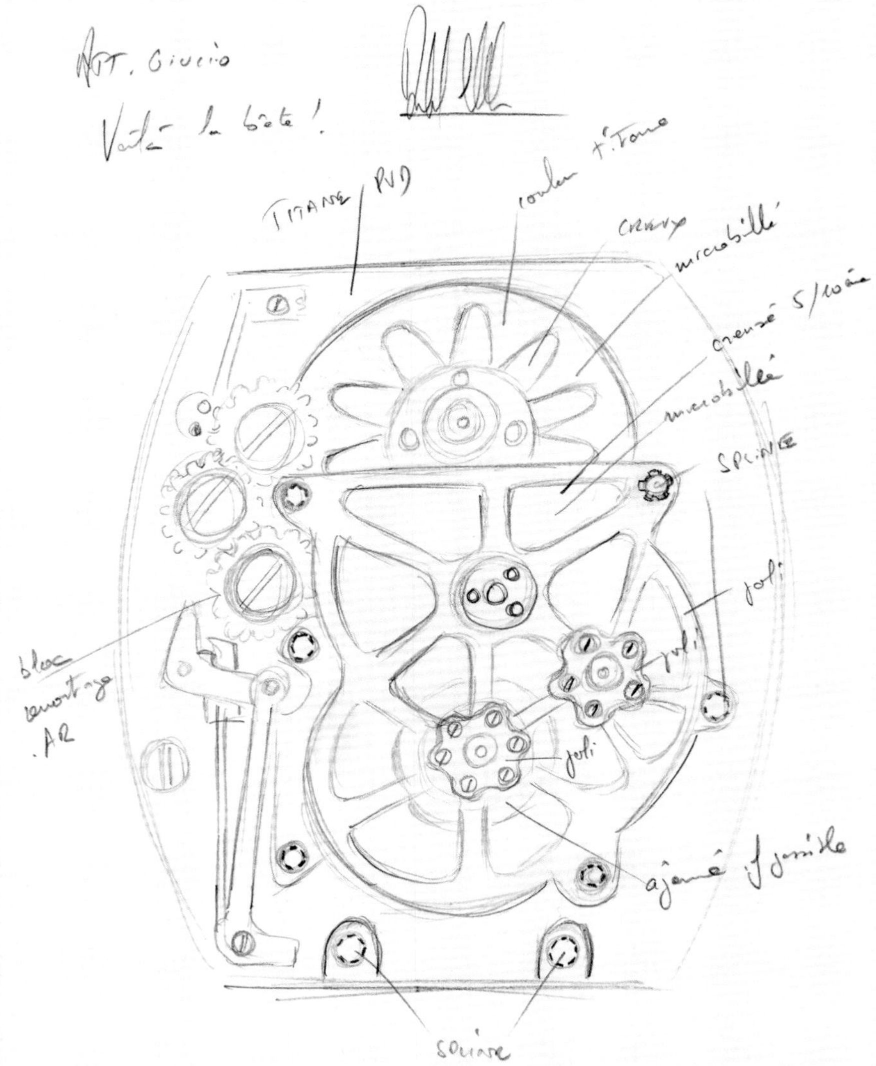

Dessins et études de Richard Mille

Richard Mille sketches and studies

page de gauche / left page

rotor **RM 007**
dessous (back) **RM 001**
rotor **RM 005**

page de droite / right page

Pinces de rattrapante dessous de la **RM 014 (Pereni Navi Cup)**

Split seconds pincers back **RM 014 (Pereni Navi Cup)**

Rendu numérique de pinces de rattrapante

Split seconds pincers in computer rendition

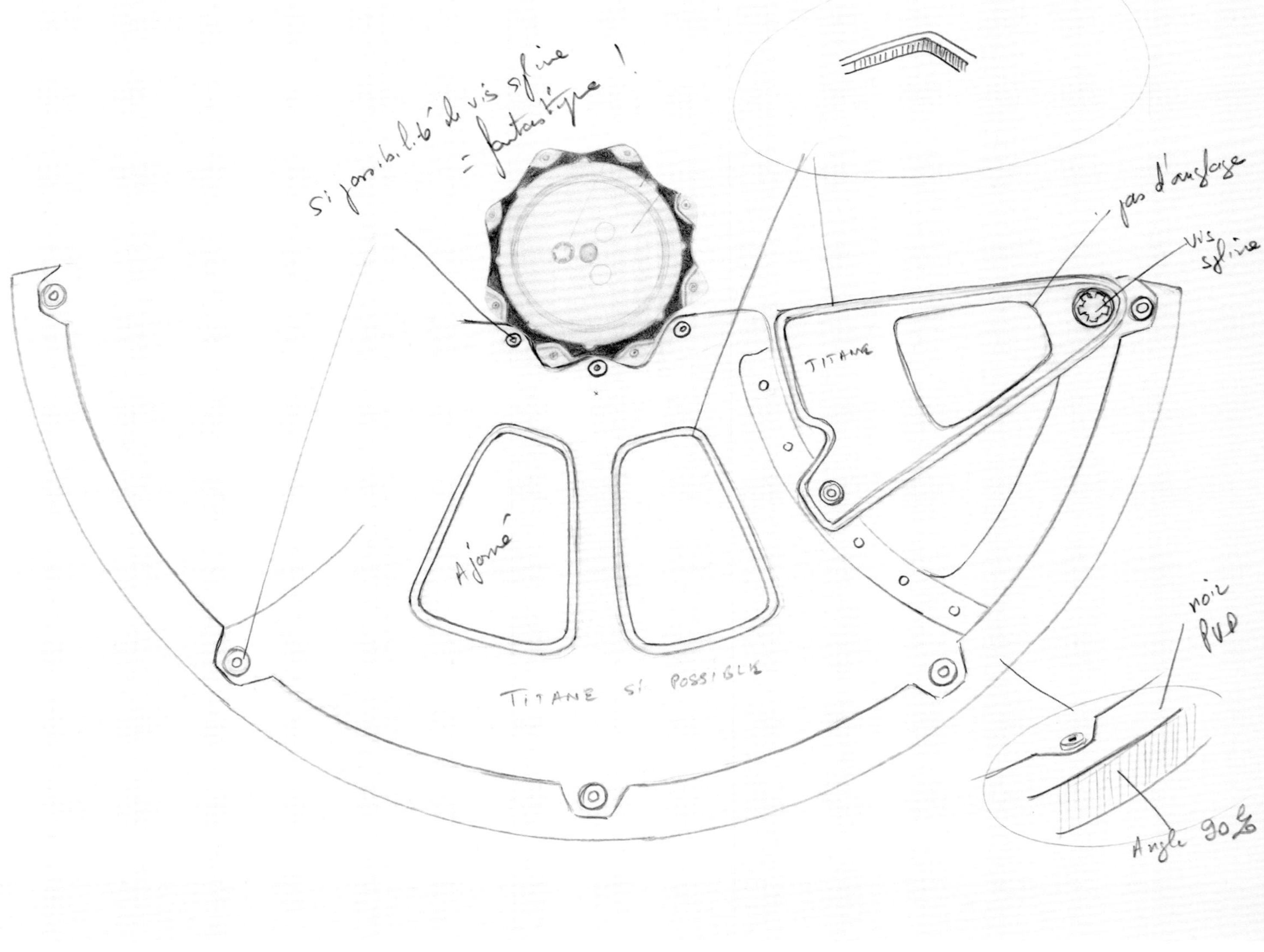

Doubles pages suivante :

RM 008-1
vue en négatif
du mécanisme
de rattrapante
split seconds
mechanism
(in negative)

RM 008-1
détails
du mécanisme
details
of the movement

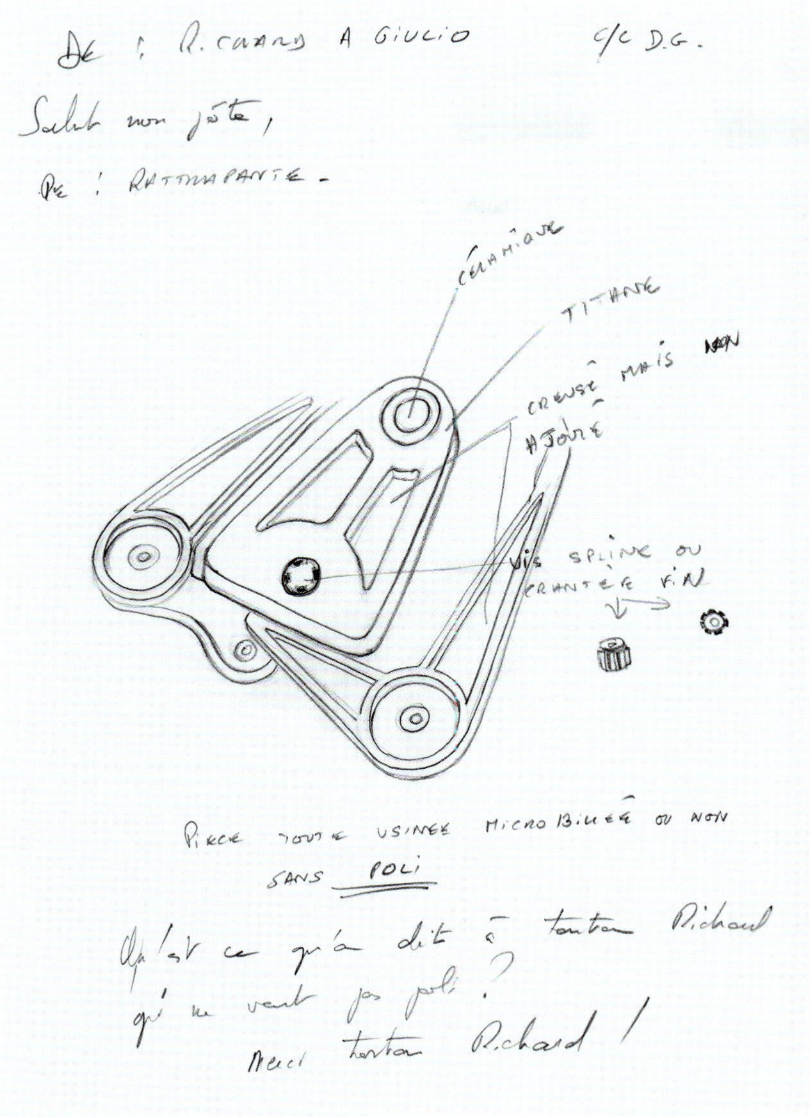

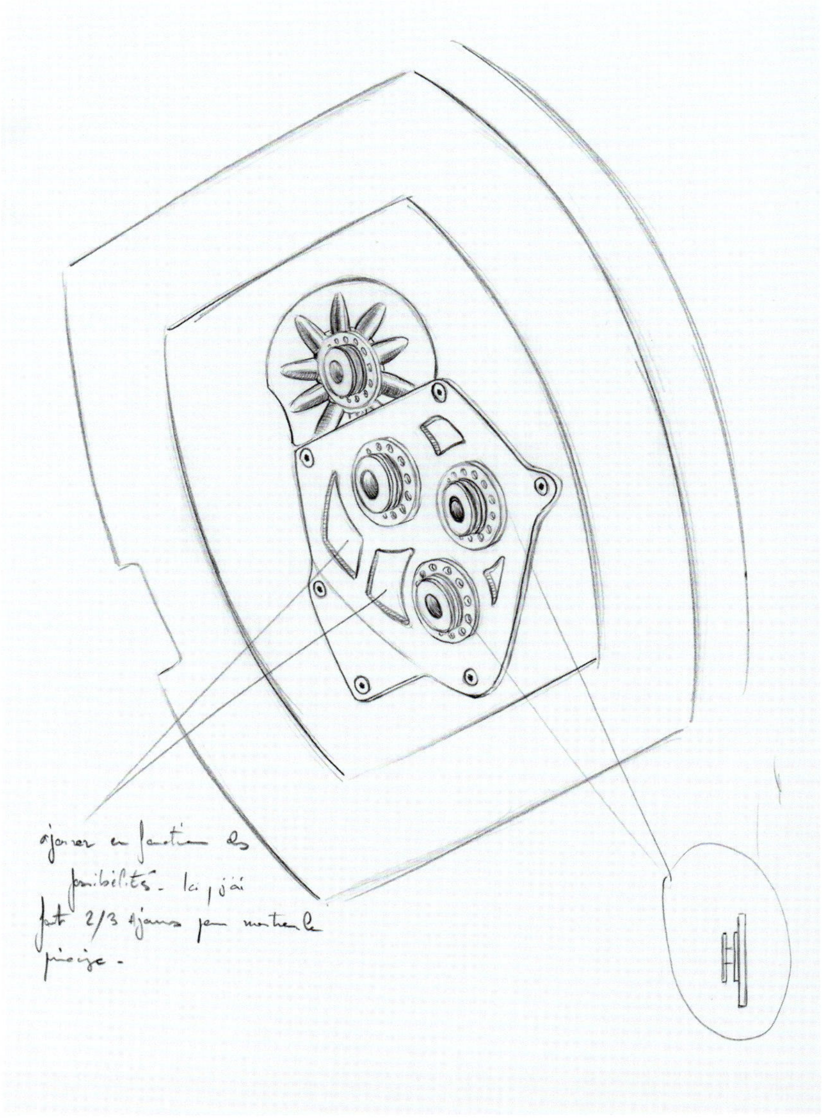

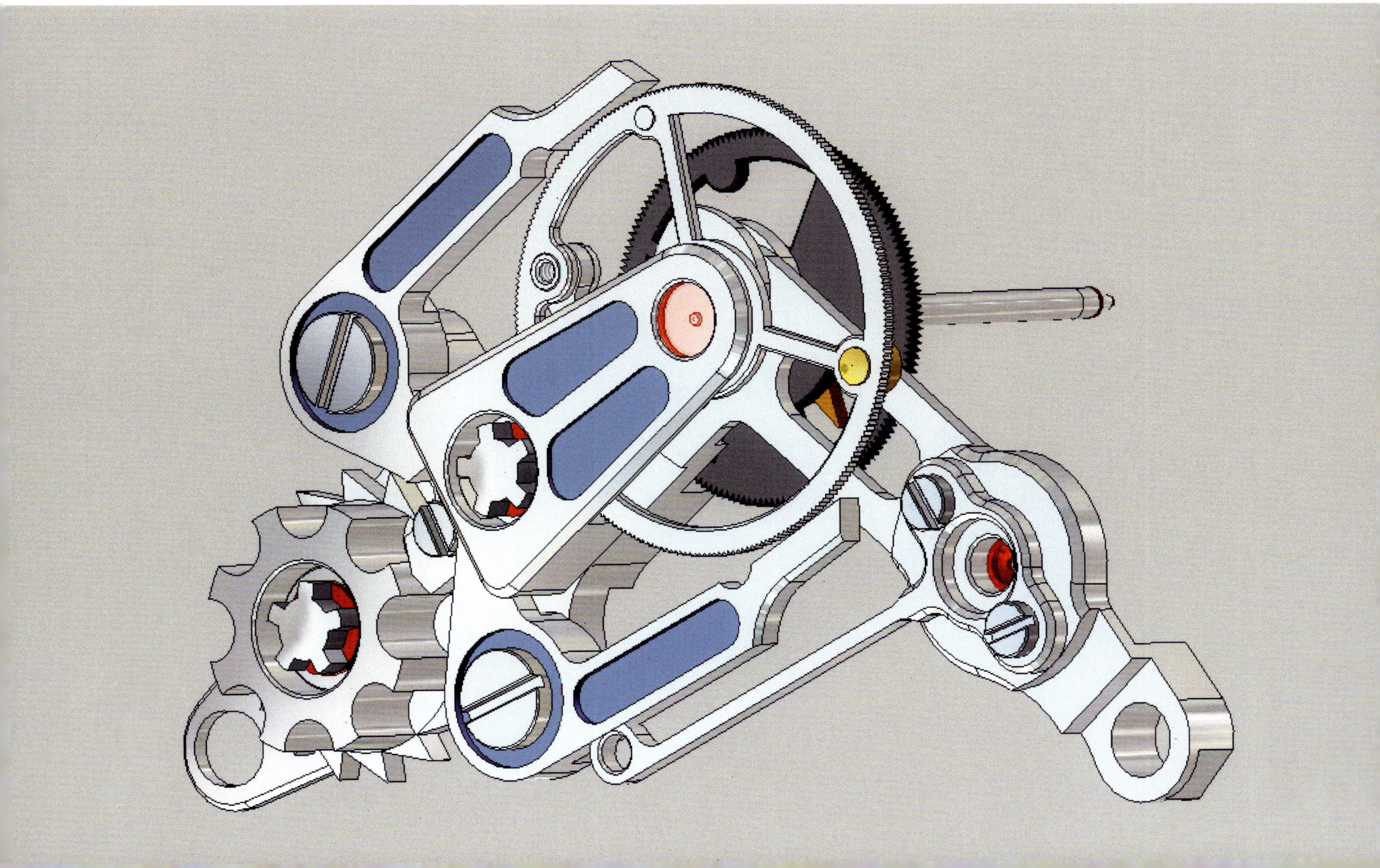

WATER RESISTANT 50M

RM-008/1
SWISS
MADE

ADJUSTED
HEAT
AND FIVE

THIRTY-SEVEN

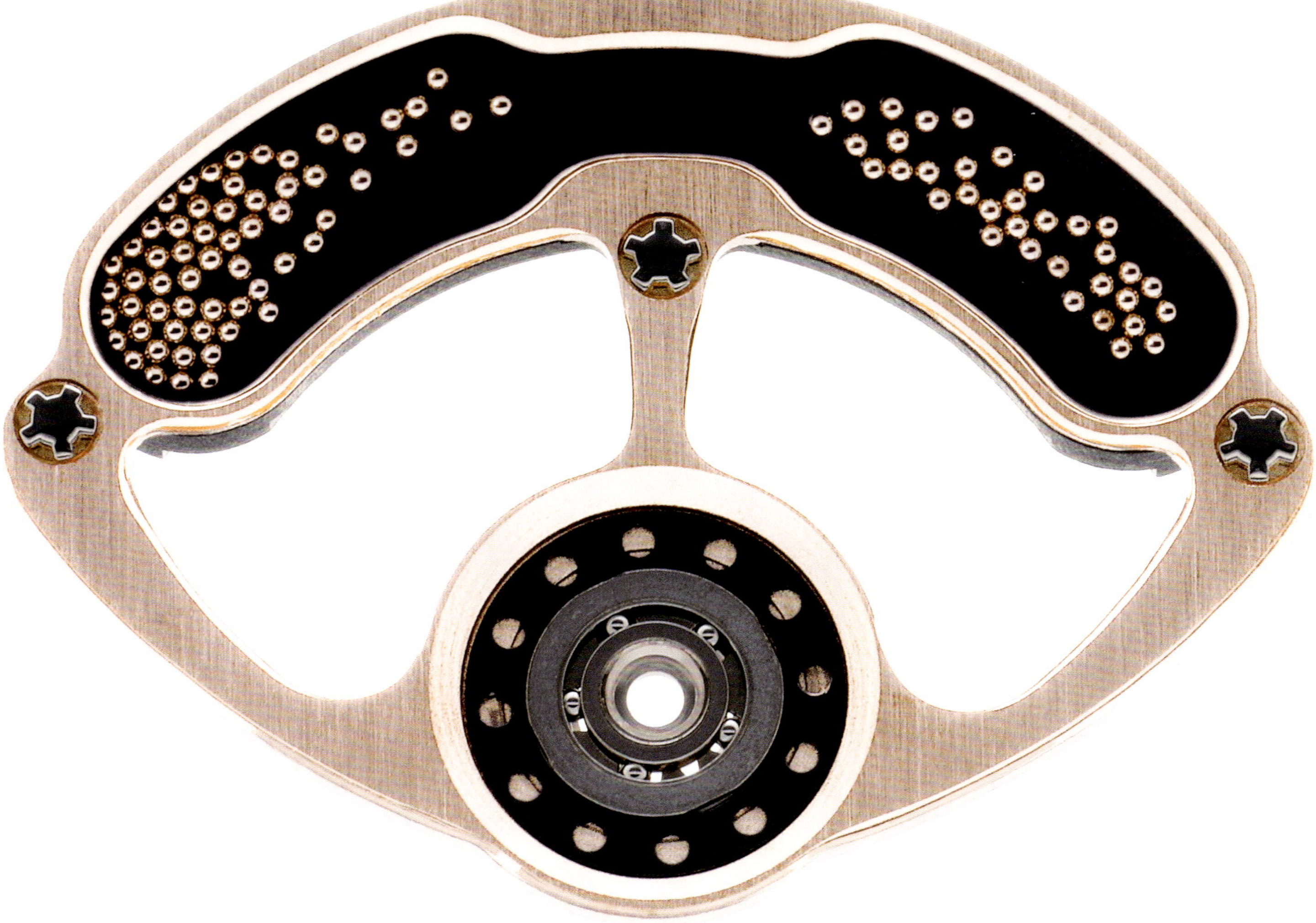

double page précédente / previous double spread

RM 007
Microbilles en or utilisées comme masse dans le rotor
Gold micro balls used as rotor weight

RM 007
Mouvement de masse (microbilles) au sein du rotor
Mass movement (micro balls) inside the rotor

Rotor monté dans le mouvement
Rotor weigth segment mounted in the movement

FIVE POSITIONS SWISS
(32) JEWELS ADJUSTED
THIRTY-TWO
RICHARD MILLE

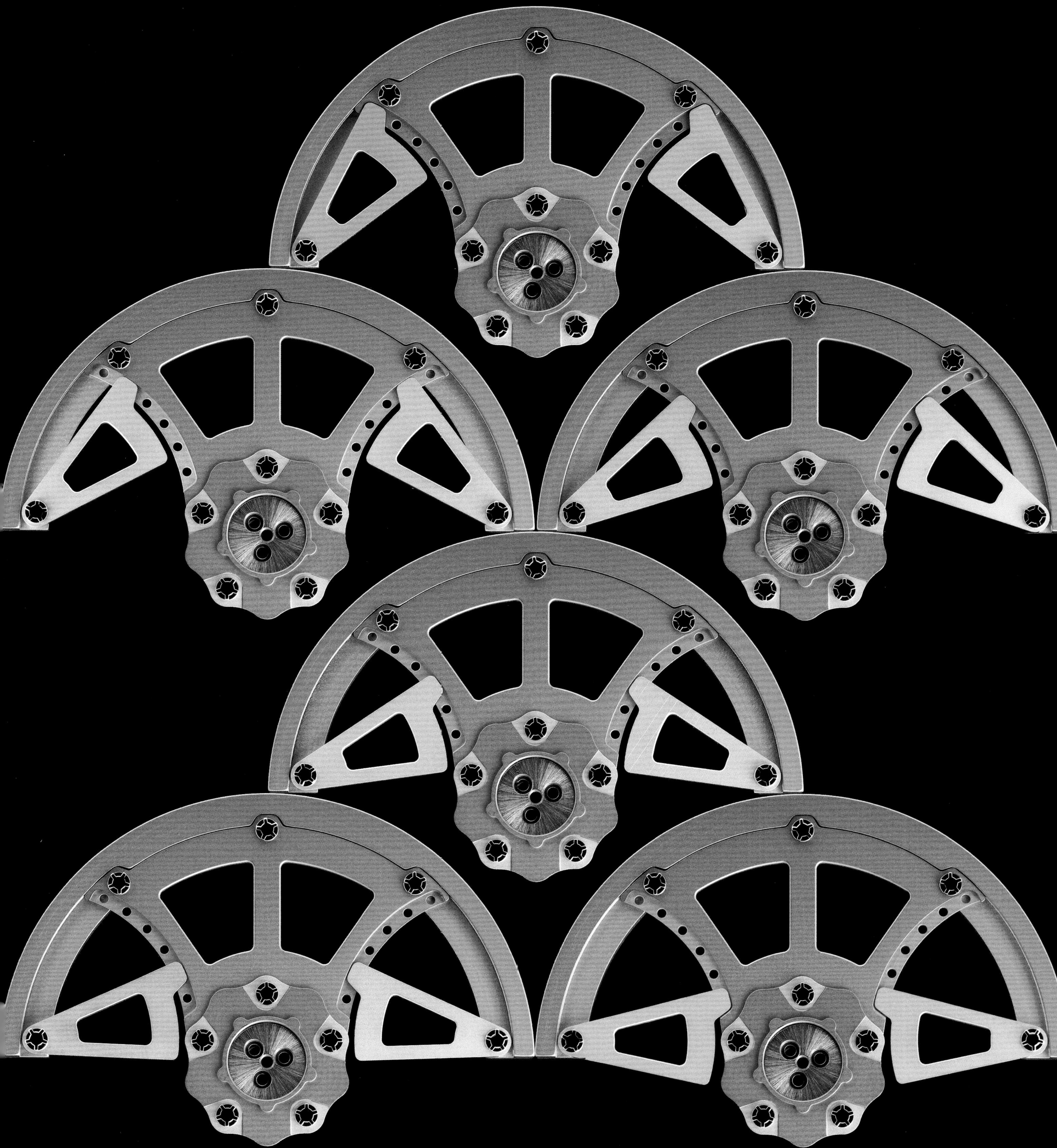

Double page précédente / previous double spread

page de gauche / left page

RM 005-1
Dos du mouvement
Back view of caliber

RM 002
Pont de secondes
Tourbillon bridge

page de droite / right page

RM 005
Différents réglages de masse du rotor
Various weights sets of the rotor

RM 005/008
Aiguilles
Hands

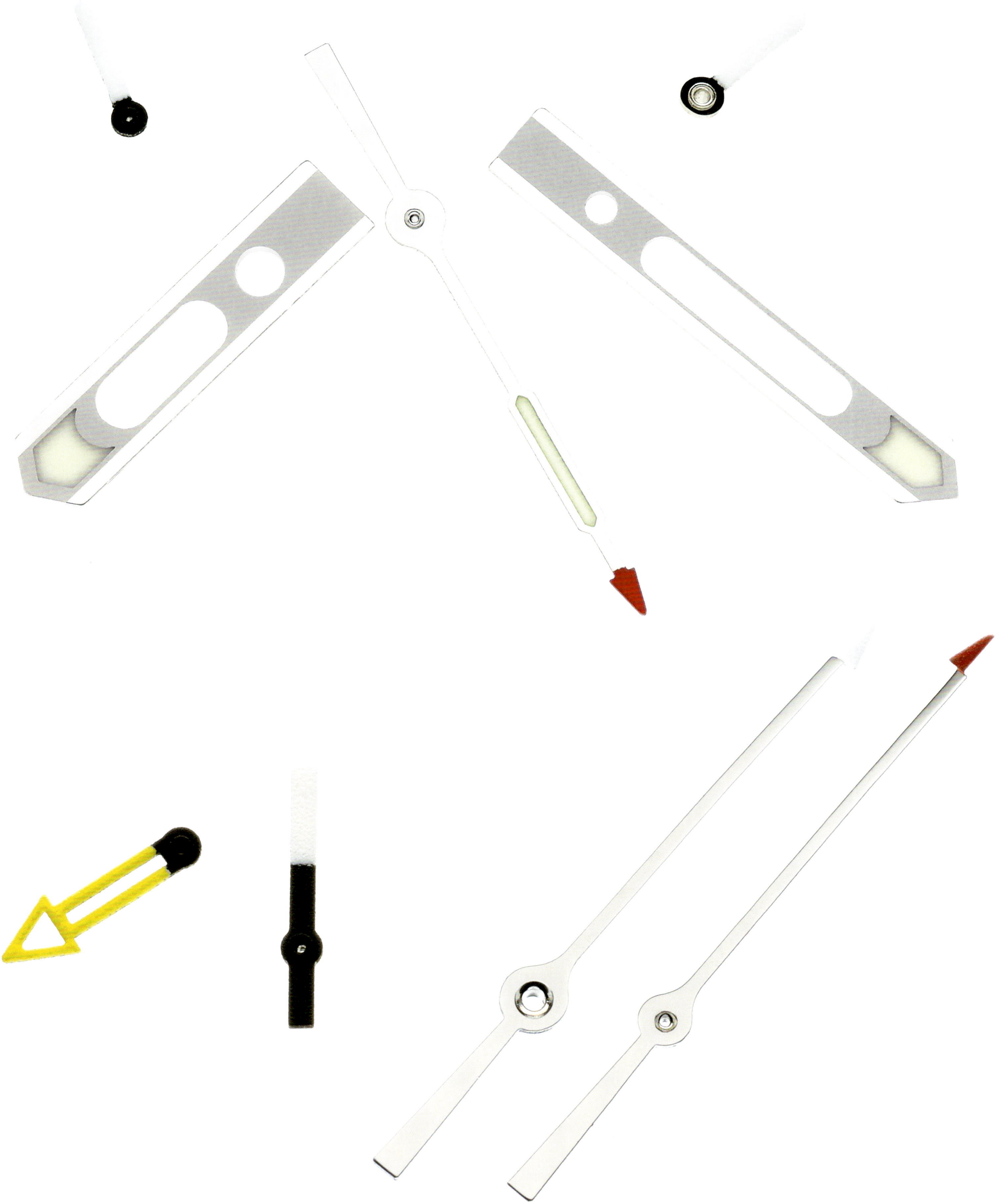

RM 005
Bague de date en saphir
Sapphire date ring

double page suivante / double spread overleaf

RM 003-V2
Détail côté cadran
Dial side close-up

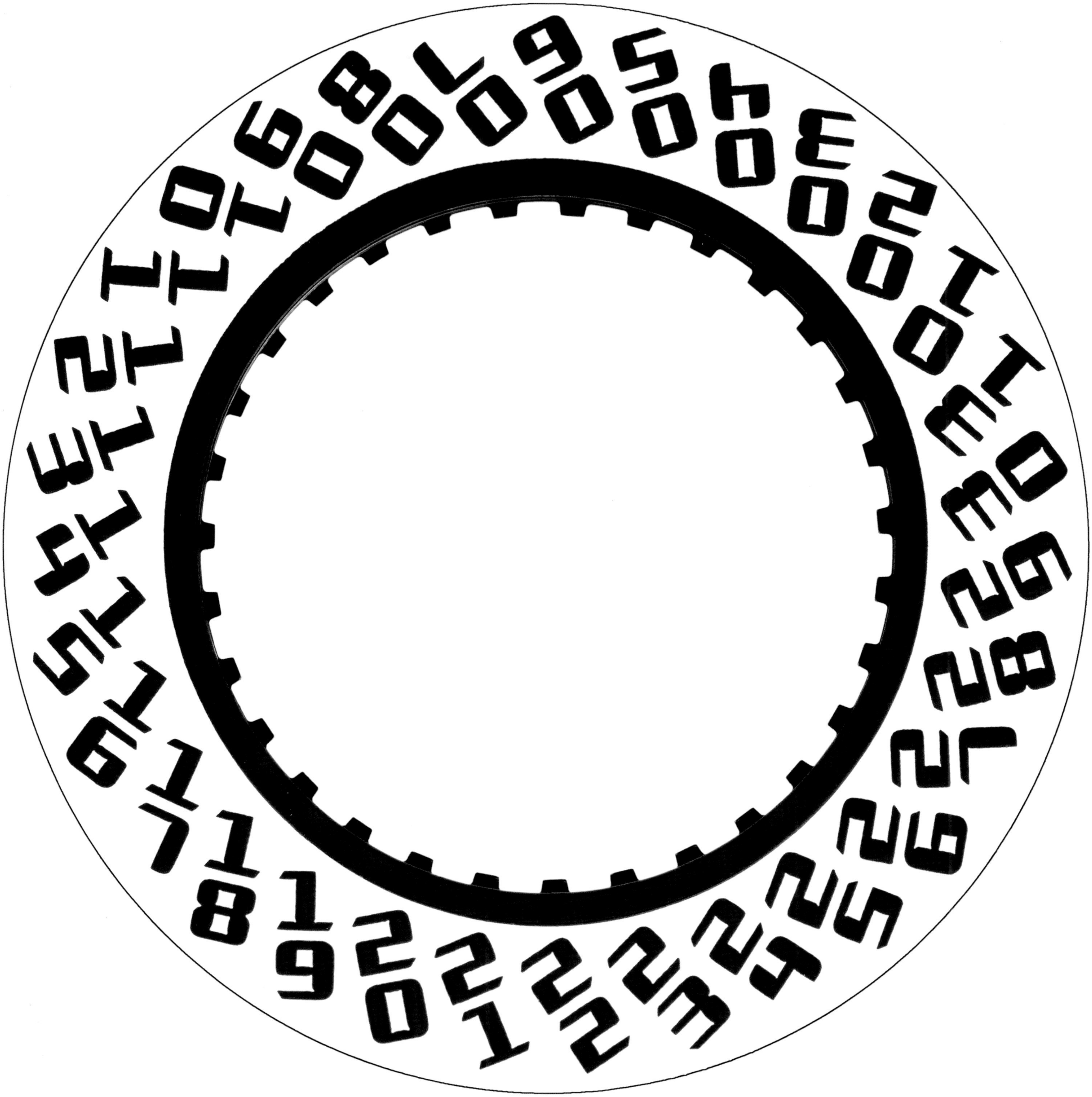

RICHARD MILLE
0
15
35
53
65
0
10
30
50
70
78

SWISS 30 MADE

To Marc Dachy, Camille, Kikuko, Mayuko

"The horses bolt, *and since no one's restraining them, they cleave the air through an unknown region; wherever their high spirits carry them, they charge without let-up; they burst into the fixed constellations at the level of the ether; they drag the chariot beyond known thoroughfares. Now they rise to the heights of the heavens—now, skirting sloping pathways on the edges of precipices, their momentum pulls them towards the earth. And the Moon, astonished, sees her brother's steeds pursuing their race further down than hers."*

Ovid, *Metamorphoses,* II, 175

"Thus when from their stalls they have sallied, the horse-drawn four-in-hands steadily increase their speed; in vain would a coachman tug at their harness; the horses prevail, the teams unresponsive to the reins."

Virgil, *Georgics,* IV, 27

"See what glides in the middle of the crowd!
A magnificent chariot with four-in-hand harnessing
Slips through the whole
Without dividing a thing!"

Gœthe, *Faust II,* Act I

The Prelude from The Damnation of Faust *by Hector Berlioz (scene 9[a]) is heard.*

CONSIDERATIONS ON THE FLIGHT OF HORSES

"Let's place a thousand nuclei of Uranium 235 on a dish and let's wait..."
(Hubert Reeves, *Patience in the Azure,* Seuil, 1981, p. 235)

... and in these few moments that precede the race, let me confide that it's dedicated as a modest homage (even more modest than the preceding one) to the master of French eloquence, Alain Chartier, to the poet (immensely admired but scarcely by us alone) of *La belle dame sans merci*, immortal author of an *Unruly Four-Part-Parley* (1422) that's set afoot in his name an *Unruly Four-in-Hand*, which is a veritable abyss of queries—but an abyss-within-an-abyss in which to plunge in free-fall !

There's merely one fundamental thing to know about any work: is it *abyssal* or *fizzy?* Sometimes both at once, amongst a very few borers of gulfs and interrogators of dark spaces—Paolo Uccello or Giotto to whom succeeds... Richard Mille.

What is Humanity mainly producing on this blue planet (at the current rate of seven hundred million per year)? What object will it have produced in the largest quantity when the final four-in-hand comes calling? Watches. And the most memorable to be taken along with us, without a doubt, being the watches of Richard Mille (with his name on them).

Not to give the time! At that price, it isn't *given* away. Such time is priceless. Nor to underscore its precision—because at that instant it's all hours at once, such that in the show-window of a clock and jewelry store the clocks and watches and cuckoo-clocks all point with perfect precision to a correct time in some other place. But since the time is neither the same over here, from one belfry to another—especially if it's been badly set—in short (to quibble about it) if it even differs a wee bit, atomically speaking, from that of the portal of the transept casement—or, heaven forbid! from that of the bar of the Café de la Poste—then it stands to reason that Richard Mille isn't looking merely for the exact time—a paltry phantom—but for mechanical *perfection!* For *absolute* precision of movement!

We no longer hear each other out these days! The theater is the *last* place where you can get a hearing. The last—which is to say, the only and the impossible place: assuming it's the people all around us that it permits us to hear. First of all, you've got to listen at the theater, listen in order to see—like that forerunner of the telephone, the *théâtrophone* to which Marcel Proust had suscribed. To close one's eyes in order to see, or raise them up higher yet than the chandelier which Mallarmé's eyes fastened onto while he day-dreamed of other scenes (what I said is *fastened to* and not *clung to* —a potential motif in that for Degas...), raise the eyes to *hear* Berlioz, on the ceiling of the Grand Palais when the tempestuous four-in-hand painted there by Alfred Roll, *The Glorification of Berlioz*, runs rampant—by Alfred Roll or Hubert Rock? I no longer know—but Berlioz, anyway, on the ceiling. Since a four-in-hand gallops on the roof of the Universe, we hear its galloping—just as in Primatice's *Apollo and Diana* the four-in-hand is heard—*from beneath.*

And since the earliest of times, mankind has had nothing better available as a symbol of the Orb of Time than to acknowledge in the heavens the *frantic* race of a four-in-hand—four antique horses girthed in rays, whinnying away the Time from one point to another in space, like the one in the Grand Palais seen there these days, *reversed on the ceiling* with respect to its neighbor in front, positioned on the dome of the Petit Palais and which leaps, afterwards, in a single bound all the way to Rome, on the facade of the Palace of Justice where we're able to recognize it: "The whole aerial extent which a man takes in with his eyes, seated on a summit and contemplating the immense seas, is the same as that which is leaped by the whinnying horses of the gods," observes Homer in the *Odyssey* (770-772).

The Sun also can only be seen by us from beneath. Thus it is with all sly devils. Anyway, he is really reliable, accountable, constant, this everlasting god who caves in every night, this father playing hide-and-seek, this fecondating arsonist, this friend whose absence makes us fret, this killer who misses nobody—or is he? The birth and death of the lovable traitor who has *reason to blush*—this spectacle from underneath—remains the only thing worth seeing in this forsaken corner of the galaxy—along with eclipses, of course, two or three in a lifetime, or the fireworks of the *Leonides,* a few nights in August. The hares of the southern Touraine are the only ones I know that know what's up, sitting on their butts, in the best seats up front, exactly as Albrecht Dürer depicts them—in precisely the same position, nine hours later, as the Sun-Worshippers along the Pacific coast, in California, among whom (a few here, a few there) Montaigne would have echoed: "I should have associated myself more readily, methinks, to those who worship the Sun." Some here, some there startled by my dithering on my bike as *The Unruly Four-in-Hand* was being dictated to me, was literally tugging at my sleeves as I pedalled along mentally taking notes, akin to the sun-worshippers but myself on my bike—this modest chariot, the biped of four-in-hands! I must have lost out on quite a bit.

That's how you come to recognize Pegasus, symbol of poetic inspiration, who carried off Bellerophon towards Olympus. You recognize Pegasus by the fact that he carries you away and by the fact that he drops you off. This happens especially by the seashore. Pegasus would dearly love to win the race since he's always a-galloping. He's never been spotted stationary, with his wings folded back! Since time immemorial he gallops away, at the speed of one stride per century, and as far as the chasm to come, which will be made fully known to him by the sting of a horsefly: a sting in the nick of time. He simply runs his race. And so he doesn't win. He runs the race till Kingdom Come. That's what he's after.

I would add that the Four-in-Hand is faster than humans in general, even those dressed up as generals! For the person who's too slow, or for the man too much in a hurry, the moral is that one must live and love and write at the same speed as the Four-in-Hand. Learning to live is adapting one's speed to that of the Four-in-Hand—at very least *knowing* that one's taking part in this race, which we run alongside It (a little beneath).

Let's be clear, also, about the Four-in-Hand running his race *in the sky,* a phenomenon first discovered by Copernicus and to which the character of Richard Mille (in his Bugatti, his immobile racing car) opposes the wisdom of Zeno for whom *no time is present of strict necessity.* Time being the dimension of movement, wise men and madmen alike find the Absolute in immobility. For then the sun orbits around the Earth. Through the *hubris* of knowing himself the center of the world, one who refuses to run, lord and master of the moment itself, Richard Mille is winner of every race simply by virtue of *being ahead.* To run a race is to lose it. To win the race, it suffices not to run it. Richard Mille—or "anti-Pegasus." It isn't given to everyone not to be running the race. Solely to the winner. That's the reason winners aren't numerous.

And yet things turn—"*eppur si muove*"—and so the four-in-hand moves about under our eyes—and our eyes under the four-in-hand—activating the clocks and subduing human beings, all suspended from the clock-hands like poor Harold Lloyd in *Safety Last* (Fred Newmeyer, 1923), when, climbing up a building to escape from a cop, he latches on to time. To elude the law, he stoops to the only Law: time, absolute master of men. More suspended even than Lloyd: Fausto Coppi, the solitary *campionissimo,* activating time on his wheels and making them turn faster and faster in his pursuit of Serse, his beloved younger brother and team-mate, who has just past three times at the gate (trespassed) and whom every turn of the pedal blows further off-course into a parallel time-zone—such that he rejoins his brother, in the end, at the finish (at that only Finish we all have in common). In prolonged bereavement for nine years, Fausto Coppi grieves—on the tormented byways of the Dolomites—and he's quite pitiful to behold since he has no competition: not Robic whom he passes at the Alp of Huez, not Bartoli his eternally vanquished rival. Coppi advances lovingly behind the dead. In other words, the race is a burial and he's gaining ground....

And it's to ward off bereavement that Fausto Coppi, his shoulders wrapped up in tires and tire tubes, was the first to wear a helmet, gloves, elbow-pads and knee-pads, and holy medals to protect himself from a loss of time.

The Unruly Four-in-Hand is also proof against the rhyme "Fausto/E. P. 0.", a skimpy rhyme at best for a bike prole that wouldn't fail to demean a prestigious sports season over which the faithful team members Ettore Milano and Andrea Carrea still keep a watchful eye. Nevertheless Coppi has lost his soul and his name is Fausto…

On a fine day, it's rather interesting to place oneself in a four-in-hand spectator-stand to watch out for their passage, at every hour of the day, out in some clearing or other, or at the theater: amidst this cast of thousands there stream past the Vision of the Chariots of Zachariah (6, 1sq), the two-bodied four-in-hand painted on the side of a vase in the Athens Museum, the invisible four-in-hand of the Temple of Jupiter Capitolini (the first, in Rome, in the VIth century before our era), the one that tattoos the breastplate of Augustus, the one belonging to Phaeton engraved on a Roman sarcophagus, and—still endlessly parading by (but you need binoculars)—the group by Puget, *Perseus and Andromeda*, in Stuttgart, the Tiepolo (that immense seer who looks at things *from beneath*). Then here comes the first ever four-in-hand to have succeeded a Transatlantic crossing, attached to the fuselage of the *Stork's Beak*. And as always, inevitably, four-in-hands deteriorate, like the one constructed by Falguiere which loomed over the funeral of Victor Hugo, on 31 May 1885, atop the Arc de Triomphe in Paris, draped in black and pulled down the following morning, only to give up the ghost in its turn. The flight of these gizmos across the vault of heaven is that made by every *aviator,* this word coined by Guillaume on the Latin word for "bird" *(avis)* to honor the first flight by a man, Clement Ader, in 1897, a flight destined to its crash just as surely as Roland Garros' in the misty fields of Vouziers. Isn't it this sub-prefecture of the Ardennes we should think of when we think of Brueghel's Icarus? A deep, deep story recounted in advance by Masaccio in a right-hand corner of *The Adoration of the Magi*—four horses and a face.

Neither the Four-in-Hand nor Death can look the other in the eye. Lifting our eyes to the vault, let's listen a little, more closely, to a four-in-hand—the contemporary feat of extraterritoriality of *Deep Impact*, that space probe no bigger than a washing-machine which, on the 4th of July 2005, crashed into the diminutive south pole of Comet 9P-Tempel-1 and ripped open a crater the size of the Coliseum. We realize, to be sure, that any race or competitive enterprise is composed of different types, each pulling to left and right even though subject to common rules, especially towards the Finish, and that it also presupposes a feminine dimension—such as Let's Go Darling. This racing filly dumbfounds the competition because she plays with time in multiple ways, perpendicularly splitting the thread of time—even faster when it comes to dancing (getting ahead of time and not only of the horses), then slower when it comes to being seductive (slower than time and not only those whom she seduces). Since she's merely tripping through the time of the males, she eludes it by means of joy and of child-bearing—anteriority and the fashioning of spaces. A winner, basically—*but not at the end!* A winner by means of *beginnings.* She manages to *stay* ahead with the palms already at her feet!

The Unruly Four-in-Hand must last one hour sharp, with watch in hand. We watch one hour going by —between two darknesses. A standard hour. This is a *contemplative* stage-play. That's why we have to keep our eyes raised up. Because Time's passing in the sky.

Since all theater interiors are by definition cosmic, and vice versa, the cheering-sections are to be made up of the public, freely taking sides—for or against. Any on-looker passing through here will be officially elected as a member of *a cheering-team*, entitled *at least in his or her own head* to a top hat and a bullhorn. You take sides by brandishing placards bearing the names of your favorite nags (Let's Go Darling, Pegasus, Fausto Coppi, or Richard Mille) and by shaking matchboxes on which there figures the four-in-hand of the Piazza San Marco—preliminary to the awarding of the Arc de Triomphe Prize. In fact here come the contenders now, approaching the starting-gates. Isn't it high time to be getting ready? For sure. For as Jean Genet explicitly told Roger Blin: "The 'rigging-out' is a positive *must**."

A. B. Venice (Los Angeles) October 2005

* Jean Genet, *Letters to Roger Blin*, Gallimard, 1966, p. 16

THE UNRULY FOUR-IN-HAND

DRAMATIS PERSONAE

PEGASUS *running on winged hooves*
LET'S GO DARLING *filly on the run*
RICHARD MILLE *at the wheel of his Bugatti*
FAUSTO COPPI *on an indoor exercise-bicycle*

(FAUSTO COPPI *on an indoor exercise-bicycle*
RICHARD MILLE *at the wheel of his Bugatti*
LET'S GO DARLING *filly on the run*
PEGASUS *running on winged hooves)*

PROMPTER

The Unruly Four-in-Hand *is tied together with two previous one-act plays: the first,* Paul of the birds[*], *after Antonin Artaud, which involves Paolo Uccello, the immense and youthful painter of the Quattrocento, and Brunelleschi, the architect of the Florentine cupola, as seen by a contemporary artist named Pierre Antoniucci; the second,* The Song of the Visible Nothing[**], *an interstellar voyage with Bill Haley and Giotto aboard a space-probe of that name out to reconnoiter Halley's Comet. The three plays taken together are entitled* For the Love of Heaven.

As for The Unruly Four-in-Hand, *the lighting-effects (very essential) furnish "dawn" on the Yard side, then pursue their course in accordance with each succeeding act, blending and intertwined: "ten o'clock in the morning," "noon," "four p.m." and finally "twilight" on the Garden side. Horns will be blowing, typical of ten-wheelers along the route of the Tour de France. The entire theater interior gives out upon the* The Unruly Four-in-Hand *space and Pegasus in particular occupies the heights, circularly—the seats of the gods and the balcony. As for Let's Go Darling and Pegasus, as a team, they address the spectator who is leaving or harangue the passerby at the entrance door to the theater—at the real theater-door, the one that gives out on the street. Video if necessary for this sequence—the ideal, in fact, would be the constant projection of a film against the back wall of the stage which creates the sensation of motion at tremendous speed, the same as in* The Song of the Visible Nothing, *in the manner of the voyage in space-time in* 2001: Space Odyssey. *Invisible if necessary, the silent character of the angel who is seen in both previous plays becomes in this third play the Blackboard-Chap, as the runners call him—the one who presents to them at the back of the Tour de France motorcycle a blackboard on which is indicated in chalk the distances or the time-spans and who, at the final passage, exhibits a death's head.*

* *Paul les oiseaux*, Tours et Editions Voix, Metz, 1985.

** *Le Chant du Rien visible*, Fourbis, Paris, 1991.

SCENE 1

Pallid light on Yard side: Dawn

LET'S GO DARLING

from the balcony

The ruddy curtain of dawn is rising
The light is lovely at half past six
The Moon in its last quarter seems sleeping still
Half-lighting in its grottos the dawning
And the daybreak with its lips of onyx
Flings at the start of day, in the clearing,
A shadow on the centuries so deep
Hail, melancholic orb! Hail!
O Paradise still far away!
When heaven breaks open no travail
The age of Eve resumes once again
When the Earth seen from outermost space
Was the color of onion soup
Gorged with sugars and sundry alcohols
But hark! I hear someone caracoling...
Why grasp at the world? Enough to go strolling!

On stage, side by side, facing the public:
Richard Mille, sitting at the wheel
Pegasus slowly trotting
His wings elegantly beating

PEGASUS

At the milkman's hour, the cool of day, I paw at the ground!

RICHARD MILLE

We've hardly got started and you're jockeying around!

PEGASUS

Though I'm still up—*reveille*? That's insane!
Freed from the paddock, led all around
The day's afoot and I'm off like an airplane:
I feel as tall as the neck of a giraffe from the ground!

RICHARD MILLE

aside
consulting his watch

In fly-boy's garb and rarin' to go, on my toes
Writing case on my knees, watch on my wrist
Punctual, always at the ready—*Here goes*!
Hydraulic flight plan, ready as I am
My watch shows the way, CX or GPS

The speed of the wind, nodal point or fixed degrees
Lateral compass, forward steadicam
Winding device just made for the deeps of the seas!

PEGASUS
aside

I whinny, whinny, whinny! It's quite simple: I whinny!
At the thought of starting, amid the tumult
And to do honor to the Sunday betters
While taking part in a race that's high-risk
I've put on my knickers and best white socks
(Through binoculars you'd think me an oryx)

RICHARD MILLE

Hey, horse, do you see that tanker
Sailing from port at crack of dawn?
Follow it! It's *Early Morning-Star!*
And do you see the connection
With the old shepherd's star?
Let's run before it gets late!
By the boatful the daylight's in spate
The dawn's now launching its war!

PEGASUS
already flying above his competitor up high

Richard Mille, say rather it isn't too soon!
Myself, I was champing at the bit when the starter
Was heard—and I flung a carnation bloom
At Raymond Mastrotto and André Darrigade

RICHARD MILLE
uncovering his nostrils

Not to be ungracious, Pegasus, but you let out
Not only a bloom but also some wind…
Mingled with the pooping of Setting Out
It's lingering here still…

PEGASUS

…—Richard!
When not flying or running, equidae get skittish
And freely scatter their lordly droppings

RICHARD MILLE

Well, go on! Run! This sky's full of satellites!
Give what you've got—brighten up the lights!
No question of being late, for my part:
I aim to win this Bari-Qatar!

PEGASUS

Got it! I'm running. But you're standing pat!

RICHARD MILLE

Because *I've got time* in my automobile
You've got to *have* time—running is useless.
No stress for me! No overwork at the wheel!
Let's flee all manner of tussling and feverish duress

(In the distance are heard the horns of the Tour de France)

PEGASUS

Ever since our departure hour
What—am I mistaken?—what do I see
At your elbow: that bell-tower
Sticking out of your Bugatti?

RICHARD MILLE

Time—I give you the whole of it in gist!
I've told you, son of Medusa
I own it, I devise it in truth
And so I can latch it on to my fist
Like some new bird of prey!
When I consult this object
Time flees, it flies far away
But I can see it as far as Cathay
If I look at it close-up—
Why, that's their machines-room I detect!

PEGASUS
aside

Who then will invent the malleable watch
Equipped with rubber needles—to hang around the neck?
A watch that runs backwards
And points to the Beyond—what the heck!

RICHARD MILLE
looking at his watch

You see? These delicate wedgings are made by hand
(The burnishing was done in Rome)
The dials are shaped like arenas and craters
And carbon that's older than Saharan sand!
I can't fail to win the race with time
Because precision'*s the* really important thing
—And to do it I've been in cahoots
With a Franc-Comtois watch-man who knows his roots

PEGASUS

I'm utterly *transfixed!* To lavish such value
On the ephemeral! …Give me the time, won't you?

RICHARD MILLE

At that price? *Give* it to you?
But it's priceless. What a hullabaloo!

PEGASUS

Now don't go getting ants in your pants
—But it *is* costly, at a glance!

RICHARD MILLE

Ah! if you want to *rent* it, come on down:
You'll then see the watch close-up!
Let's sing the praise of watches—Oh *yes*!
Ooooooo ! beauteous Time—lovely waaaaatches!

PEGASUS

Myself, I'm always rather otiose
And I always tell time by my nose
…
But how can you say time's your own, solely?

RICHARD MILLE

Because the time that *is*—why, I've tattooed it on me!

SCENE II

The light at ten o'clock in the morning

The sounds of the Tour de France approaching

The blackboard-chap passes, at the back of the motorcycle,
holding out to the competitors
a blackboard, and on it, in chalk:

YOU MOVE WITH THE TIME

The competitors keep up their races in profile

RICHARD MILLE
to the blackboard-chap

I want a photoCOPPY?

PEGASUS

Well! *There's* Fausto Coppi!

(Enter Fausto Coppi, in from the background
frenetically pedalling,
with his head in the handlebars)

RICHARD MILLE
still seated behind the wheel

I'm your fan, Fausto!

PEGASUS
goes on galloping slowly
beating his wings elegantly

We're both your fans, Coppi!

FAUSTO COPPI
without raising his head

No time to chat! Not in this buggy!
On my heels I've got Bartali!
On my side, all Italy!

PEGASUS

You look to me pretty out-of-breath…

RICHARD MILLE

There's loads of time: don't race to death!

PEGASUS

Won't you say a few words to us?

FAUSTO COPPI

Sono il cam-pionissimo!
L'unico, patron del Giro
A Bugatti, with pedals

RICHARD MILLE
to Pegasus

But on a chock-a-block pedal-stal!

FAUSTO COPPI

I've simply got, one lap ahead!
In life, as in, the Tour de France
When you see me, it means go-go:
The emperor, am I, of the *vélo*.

PEGASUS

Why are you leaning over, Fausto?

FAUSTO COPPI

Why are you laid back, Pegasus?
These are the days, that lean over
And it's time, that's not too steady
From the starting, I've filled up on gas
So as the better, to get across it
Because the present, is pretty *slopy*!
Del lunedi al venerdi
All leaning days, ending in *di*

PEGASUS

Bring on *sabato*, Fausto!

FAUSTO COPPI

Certo, bring on, Saturday

RICHARD MILLE

At times certain days are leaning
And others are a trifle straight
So that to balance out the weight
A runner must know about swaying!
If it inclines, the present date
Must do so *deli-cate-ly.*
(Especially when the terrain's a bit hilly)
And the last, at the Finishing event
As at dominos—it's pretty crucial—
Seems then so terribly bent
That it becomes downright horizontal

FAUSTO COPPI

Myself, I'm pissing in my pants
Richard! You know nothing, about bikes
You fuss over time, at your wrist
But me, I get it to move, with my fist

RICHARD MILLE

But I'm savvy about aerobic...

PEGASUS
delighted

On the ramp salute Simone and Jean Robic!

FAUSTO COPPI

I've a heart that, beats slowly
Once every, minute: listen

Thus I'm sure, to be centenarian
For a long while, like a Siberian
Who has trudged on, in the snow
And vanquished, age with a K. 0.

PEGASUS

Best friend of mankind, one fine day I'll dare:
At my horse's eye-view, *that* gives things an air
You'd think human beings are finer than gods!

RICHARD MILLE
correcting Pegasus

To come first in a race, you need to know the odds!

FAUSTO COPPI

If I cease, pedalling, Time stops
It's a proof, of the existence of God
He is *the*, Pedaller, supreme, in the skies
Seated on, our globe, directing the crops.
He activates, Time, which is His, body on fire.
We feel His, great effort, on Earth at, every minute
That trickles: Time, is the body of God.
That's why, none of us can, pedal without limit!
Except God Himself, Limitless—Actuary!
Glory to God, Pedal Eternal, Almighty!

RICHARD MILLE

You run a race as if taking Communion!
But believe me, whatever you imply:
Races are run with Time ticking on
And not with a watch you've cast by!

turning towards Pegasus

(You've nothing *against* watches, you horses?)

PEGASUS

Oh not *your* watch, Mille, and its time on which I gorge!
Can time be eaten? In short, I'm pretty stupid:
Since Saturn is Time, he adores chomping on humans.
But as for me, I recommend Remorse
To men who love to feast on horse!

(They go on running a while in silence)

Richard Mille's cell-phone rings

It's for Mister Coppi? …—Fausto, it's Marguerite!

FAUSTO COPPI

I no longer take, her phone calls
It's my wife, (she's annoying)
"Hello?" is all, she's ever saying!
"Fausto get down, from that bike
It's too risky, for me to like!"

RICHARD MILLE
indignant

What a banana peel!

PEGASUS
Noticing an obstacle

Watch out: the snout of a seal!

FAUSTO COPPI

All along the road, hats are a-flying
The saints fling up, their shiny haloes
And they're soaking me, with *Chianti*
As they shout, *Fausto, Avvanti!*
Bah ! If I run, it's just to reconnoiter
Ahead of me, Serse my brother

SCENE III

Light of Noon

RICHARD MILLE

Noon! Rest ! Time stops at a headland:
From that point of culmination we can see
The coasts of morn and the slopes of eve…

The blackboard-chap, at the back of the motorcycle, holds up his blackboard with its notation in chalk:

IT'S HIGH TIME

Horns from the Tour de France
The three racers will run their race facing the public

When the light attains its zenith, Let's Go Darling makes her entrance.
Dumbfounded, the three competitors stop pedalling, driving, galloping.
The filly crosses the stage from Yard to Garden in a highly
sensuous fashion and blocks their passage perpendicularly
as they emit Ohs! and Ahs ! of wonderment

FAUSTO COPPI

Ma che bella, che bellezza!
—That's a fine time, to arrive, *ha*?

RICHARD MILLE

But each and every hour arrives in good time
And without costing you so much as a dime!

PEGASUS

I'm like unto a goshawk in its marbly skies
The bird that warbles and lays blue eggs
And I'd like as I draw out my phlegm—no, *my flame!*
To pluck at your eyelet, O Praiseworthy Dame!

LET'S GO DARLING

I've been waiting for you such a long while
I was there at the dawning of Time
(Oh! Oh! Oh! in wonderment)
Ah ! the devices assembled on the banks of the Nile!
The time of arrival seemed a poem in rhyme!

FAUSTO COPPI

We're not on the Nile
Not by a while
We're simply in Bari

LET'S GO DARLING

To the tune of "Ça c'est Paris" as sung by Mistinguett
while the three competitors, each in his place, attempt a French cancan dance

Bari's the end of the world
Which pleases all the world
Bari makes all souls silly
Bari is in I-ta-ly
Afoot on our four wheels
All over French Barrou
Tell me, d'you know who
Can lead us to Bari
Barrou is all Poitou
It's just Barrou
(final refrain taken up in its orchestral version of 1927)

RICHARD MILLE

Bravo! Bravo!

FAUSTO COPPI

Brava! Brava!

PEGASUS

Hooray! Hooray!

LET'S GO DARLING

I'm the one known as the filly racing-car: Let's Go Darling, for short.

PEGASUS

Allons-y!

FAUSTO COPPI

Andiamo!

RICHARD MILLE

Climb aboard my berth!

LET'S GO DARLING

Come on now ! That's not an *invite*, this Let's Go Darling!
That's simply what I'm called—and you 're already flirting!
(they all three return to their race)
My Humble Self, daughter of Darling and of Ulma du Latou...

RICHARD MILLE

(I once put my entire wad on her...
I hardly broke the bank...)

LET'S GO DARLING

...have come to run a race, and *not* drum up some trade!
I dont' run for myself (let them as has ears *hear*)
I run for the loftier interests of the stud farm...

PEGASUS

—And to think I'd have settled for the whole she-bang!

RICHARD MILLE

The whole what?

PEGASUS

Why, the whole business of racing!
The bit in one's teeth, life *on the run*—and proud of it!

LET'S GO DARLING

...how I love running around...

FAUSTO COPPI

Well myself, I am, a tireless runner

RICHARD MILLE

A tireless runner after women?

LET'S GO DARLING

...The owners all keep making eyes at me
And I've been mounted by the mightiest jockeys...
(Again Ohs! and Ahs! of amazement)

RICHARD MILLE
laughing at him

OK, but aren't *I* a great one for jockeying my way around?

LET'S GO DARLING

...La Monte Young, Morne Capot or Bobby Troupe,
Youri De-Coll, Trinquemaley, Uno de Croupe,
Erotin, Max Maman or Alonzo Morning...

PEGASUS
pawing around

Come with me, the winged horse, Let's Go Darling
Loveliest of 3-year-old fillies: at your age
You and I will live on air!

RICHARD MILLE

What mere pawing around—you've gotta really *dare!*

FAUSTO COPPI

But me, I'm all, in a pother
I'm looking for, Serse my brother

LET'S GO DARLING

He came by a good quarter of an hour ago
You'll find him at the *Bar d'Oslo*
...
(What made me say that? Did I dream it up'?)

PEGASUS
singing,
to the tune of "The Boys in the Back Room" as done by Marlene Dietrich

Before you my missy
My wings grow back again
Yes mademoiselle
Wings back again
Love's wings come back again!
And I'm now being hailed
So high in the sky
My wings touch 7th heaven!

(the filly frenziedly shimmers her pretty girl's body.)

(Pegasus resumes his song, a bit in the background)

With you my missy
My wings grow back again
Yes mademoiselle
Wings back again
Love's wings come back again!

(while Richard Mille starts talking again:)

RICHARD MILLE

Darling, have you seen my watch...?

LET'S GO DARLING

who has eyes only for Pegasus

Oh what a gorgeous hunk o' stallion!

RICHARD MILLE

With my name on it...?

LET'S GO DARLING

her thoughts all on Pegasus

Oh what skillfulness...!

RICHARD MILLE

Darling—my Bugatti...

LET'S GO DARLING

seeing only Pegasus

Oh what lordly wings!

RICHARD MILLE

And the quartet playing at the rear of the car?

PEGASUS

Let's Go Darling, I whinny, for *you* I whinny!
Let's make a life-plan for this day!
What a treat for once to leave in a jiffy
But in a jiffy *together!* And doing it *our* way!

RICHARD MILLE

his cell-phone ringing

Excuse me—I've got a client on line
...
(It's my pal Jean Todt, Time-Chief at Ferrari's)
...
—Whether I make a "talking clock"? You *bet* I do!
...
—ON THE BLINK?! NOT POSSIBLE! *Your* Richard Mille watch???

The Bugatti's motor loudly back-fires

Scene entitled THE EXPLOSIVE FIX, *2 minutes 40*

The four actors standing side by side, facing the audience:
Yard side, Pegasus fondling Let's Go Darling on a picnic blanket—
Stage center, Richard Mille, after having raised the hood of his car,
tries to repair the motor while sneakily watching the pair;
Garden side, Fausto Coppi pedalling in desperation.
This is a silent scene for the entire duration of the playing of "Take Five" *by Dave Brubeck*
while the saxophone playing dominates the love-making of the horsey pair
whereas Richard Mille merely mimes the mechanical beat when the solo drum is heard

LET'S GO DARLING

Time doesn't exist while you rest
In the shade of a plane tree in Trieste:
You abolish time when you stretch out
It's limitless but you *may* stroll about

FAUSTO COPPI

And if I bounded, ahead
Since I only exist, way up ahead?
If briskly, I made a mad dash?
Up to my chin, within my handle-bar
After having gulped down, my canteen
I'd catch up, with my Serse!

(Glancing at the horses)

While this guy's, hell-bent
Let me start out, on my own ascent

(He walks off-stage in gigantic strides while miming his bike
and while Pegasus daydreams)

PEGASUS

Sometimes I shirk, sometimes I overdo
Virtue alone allows me mad dashes!
In the midst of a race, my filly, it's hunky-do
To caress your breasts with my hind's eyelashes

RICHARD MILLE

The time is right to sing a hymn
My Bugatti's best tire's off its rim!

(He gives a ferocious kick to the car's bodywork)

PEGASUS

Poking around in Let's Go Darling's skirts
and poking fun at his competitor

Why not raise this hood which no one's seen through?
Cars also like to have their undies frisked
And to get the most of it, stretched out like this
You'll delve through the bottom well out of view!

RICHARD MILLE

What love can be among horsies
No one has the faintest clue
Go on then, dobbin, you sawhorse you!

PEGASUS

But *you*'ll finish this race in a tourist-bus!

RICHARD MILLE

And you two'll end up at *The Three Pack-Asses!*
Beat it with that Rosinante of yours!

PEGASUS

Stay put with that tick-tock of *yours* !

LET'S GO DARLING
to wind up the squabble

And you'll be in an adjacent box
Later on at Twentieth Century Fox!
While we've been bantering away
Fausto's been making headway!

PEGASUS
getting up again

If Fausto's been making headway, let him unmake it!
Give back the lead, Coppi!

RICHARD MILLE
Yeah, Fausto, *give over that time!*

LET'S GO DARLING

But he'd have to be able to hear!
Have *you* the time by chance, Richard dear?

RICHARD MILLE

I happen to have the time—but not by chance—
And it's yours—as swift as a kick in the pants!
(Richard Mille dials the number of the talking clock (3619)
and turns on the mike for the hour to be heard
The call must be made "live" to the stage
no matter what time it actually is.)
We haven't changed eras—it's the Neolithic.

PEGASUS

We've got to move on to the next exit!

RICHARD MILLE

Personally, I'll just stay put: I'm doing repairs
Getting anywhere late? That's the least of *my* cares

SCENE IV

The blackboard-chap comes along, holding out his blackboard:

THE 300,000 KILOMETER POINT
PURSUER: MILLE (ENGINE FAILURE)
GROUPETTO: PEGASUS + LET'S GO DARLING (ON THE RUN)
BREAKAWAY: COPPI (WITHIN LIMITS)
LAST BUS: (GONE ASTRAY)

Scene entitled THE FLIRTATION

Pegasus and Let's Go Darling on the run
flying around throughout the theater:
free-wheeling aerial race
amorous euphoria to beat the band!

PEGASUS

At full speed I'm beating the clock!

RICHARD MILLE
shouting from afar

Be seeing you!

LET'S GO DARLING
astride Pegasus

Do as you like!
To all riders' restraints I'm hereby on strike!

PEGASUS

Take me by the winglet
The two of us will fly less forlorn
Far from the herds, the bikes
The villages of the Oise and stud farms of the Orne
Far above all roofs of slate!
We'll race in a cosmos devoid of all bourn
Since our gallop's the fastest to date!

LET'S GO DARLING

No more obsequious bows
Nor having to live among cows!

PEGASUS

Dispense with humankind
The better to *"vent our own party line"*!

LET'S GO DARLING

If our hearts and our minds unite in a song
To all lovers may a new day belong

THE STEEDS' LAMENT

accompanied by the hurdy-gurdy

Oh why, oh why, oh why, why ever do I run
Some prize or other to be won
And why do you and why do you
You know you'll end up all askew
Why do we run why do we race
And scrimp our lives at such a pace

PEGASUS

We spend our lives postponing—

LET'S GO DARLING

—then let's postpone!
Look at my rump and look at my jump!

PEGASUS

From slope to slope way up to the peaks!
May abysms all turn down-side-up!

LET'S GO DARLING

Down with all lunar tides
And down with Aeolus at sun-up!

PEGASUS

An illimitable call summons us on
Let's diligently earn our Pantheon!

LET'S GO DARLING

Ah in fields of agapanthes let's go carousing
Our horseshoes *up high* while we're paragliding!

PEGASUS

Let's both frisk around in the fields of Ernagor
Waxing brightly like some aureate meteor

LET'S GO DARLING

Already we're flying o 'er gardens and verandas
Amidst carob trees and jacarandas

PEGASUS

Let's sprint in swerves to the frantic Now
The present is sick and the future's lost!

LET'S GO DARLING

Don't run! Nothing's a day short of our love!
Don't forget to beat your wings in the breeze!
With such fair winds, be ever at ease!

PEGASUS

Zap the race! Flout the time! Piss on the clock!
Fall from the clouds into weightlessness!
Bear away arches of thinginess!
Disavow all that's dry-rock!

LET'S GO DARLING

Piss on the clock! Zap the race! Flout the time!
From the crest of the thalweg applaud when you can
As we blow circles like eagles that glide
Above the deserts of Gobi and of Taklamakan

PEGASUS

Flout the time! Piss on the clock! Zap the race!
On the fields of Decumate and those of the klephts!
We'll dangle right under Orion's face
Limber and lithe at pole-vaulter's pace!

LET'S GO DARLING

Easy does it now on this concave sky
This cosmic shield with its glories gone-by

PEGASUS

Lopsided they move, the horses, like us:
Sideways! striving hard to lessen all fuss
With increase of speed!

LET'S GO DARLING

Forewarned about death, everyone's alert!
That cloud's an upside-down fountain: *I thirst!*

PEGASUS

"Hypallage" is said of two words that overlap!
Hippalage: a horse that's found on a tow-path!

LET'S GO DARLING

That plane's just traced a pathway of rose
I quench my thirst at the sunset filling my trough

PEGASUS

The sky's a chasm at our feet: it's quite grandiose!
I like to see our earthly globe—a bit off—
And bending from the balcony to the orchestral pit
—I tell the time backwards on the watches down there!
And see the hour-glass spilling its sand through the air

LET'S GO DARLING

My jaunty heart feels cramped inside my skirt.
As do the clocks, we ought to murmur—
On the brink of evening the Moon's all pale
And submarines break up the ice at the Pole:
We can hear this in space where occasionally resound
Only our whinnyings far above ground!

PEGASUS

From here we observe the ocean stooping
Under our clogs (overlaid with paper-thin metal)
—All a-gleaming for astronomers at ground-level—
And listening to the horses' yodeling

(Pegasus yodels)

LET'S GO DARLING

Launched in a cloud-maze like a frisbee
Look at that amazing missile Ariadne!

PEGASUS

declamatory but quite stylishly

Ariadne, thou launcher! by what injurious love
Wert thou gladdened as thou wert fired above
If by a righteous Kourou whence thou wert rolled
Thou quittest in vain thy walls a thousandfold
For the purlieus of heaven where one no longer can see....
If Daedalus hath been saved, it is Icarus I wish to be!

SCENE V

Scene entitled THE CIRCUS

The two horses at the entrance door to the theater

LET'S GO DARLING

Time's flying and already spectators on tip-toe
Are heading for home at a go

PEGASUS

The first to arrive wins two dishware sets
Offered by the house to those who've lost bets
(By the management of the PRU
For Losers who were as moved as you)

LET'S GO DARLING
haranguing an audience member who is leaving

A poem's boring when it requires time
But *you* there, leaving, are a real dead-beat
You're not leaving *your* race by leaving mine
For it's likely to resume when you get to the street

PEGASUS

To the "talking clock" I would add the one
That yells: "TIME'S PASSING AND SO ARE YOU!"
Then there's the howling watch: "TIME'S ON THE RUN! "
But we're partial to the one that sings on cue.

LET'S GO DARLING
to the audience member

Stay a while, passerby: let's consider time
(For such, up here, is the one and only show):
Since time flies, it fulfills some aim!
Well then, on the other shore, and in a great big way,
It accumulates in a marsh: The Marsh of Time.
Take a look at Pegasus, he'll sound the alarm
To curtail its play-acting and let you behold
Time filling up that spacious stronghold.
Pegasus is an old hand who once worked for Barnum
For you personally he'll slow down the works overhead
By merely slipping his clogs into the machinery up there
Pay attention and you'll see something rare:
The gears of daybreak brought to a standstill,
The cogwheels of time *shut down*—quite a thrill!

(Circus music
Pegasus turns over and pedals with his four horse-shoes upwards
to block the wheels of time)

RICHARD MILLE
angry, shouting from the stage

IS IT YOU LOVE-BIRDS WHO ARE MESSING WITH THE TIME?!
But I too am in need of it, since I'm *waiting*!
Time is motionless: it can't be stopped!
Let go of the pulleys, free up the main-spring,
Stop your interfering—otherwise we're dead!
Hurry back to the race instead!

Let's go Darling and Pegasus
come back on stage
one behind the other,
in a jog-trot

LET'S GO DARLING

I would so much like to have seen the Aleutians
In a zigzag line in the Pacific
Where Time absconds—and performs its ablutions:
It could lounge with us, laid back in its hammock.

PEGASUS

turning with his wing

The Marsh of Time, my love, will have to wait

SCENE VI

Darkness and silence, all of a sudden:
all that can be heard is Pegasus' hooves on the boards
Bright light—abrupt, blinding
Pegasus running, forward
Let's go Darling, seated side-saddle, belly enormous, is knitting
At the back of the motorbike, the blackboard-chap holds up his blackboard where there is written in chalk the words:

TIME IS PASSING

PEGASUS

Oof! What a race life can be!

LET'S GO DARLING

In what sense is life a race?

PEGASUS

In the sense that you're likely to lose it.

LET'S GO DARLING

What does one earn at the Finish?

PEGASUS

One earns not to run any more.

LET'S GO DARLING

Then why not *not* run any more right away?

PEGASUS

'Cause that would be the Finish—

Long silence

SCENE VII

Horns from the Tour de France in the distance
The light changes to Twilight on the Garden side
Richard Mille, Pegasus, and Let's Go Darling in profile,
one behind the other, looking towards the Setting Sun

RICHARD MILLE
his elbow at the door-window of his Bugatti, always at a stand-still

Ah, our racing-flags! Here they come, at last!
I was beginning to feel how time had passed!

PEGASUS
exhausted

Got the time before it all goes?
Just the hour—hold it up to my nose!

RICHARD MILLE

One would think you're begging for pity!
All we hear is: *"Ya got a hundred bucks?"*
People think time's a mere commodity!

LET'S GO DARLING
singing softly

I want to see my Normandy...

RICHARD MILLE

OK, I'm consulting my wristlet:
I *do* have the time—*(Surprised)*—My, *il est tard* o'clock.

PEGASUS

What? It's already "tard"? It's already late o'clock?

RICHARD MILLE

Is it? It is. It's the hour bedight.
What have you done with your flight?

LET'S GO DARLING

Time's been called off with Love's aid
A honeymoon—far from this awful cavalcade!

RICHARD MILLE

But you're making real headway!

PEGASUS

Have *you* gained any ground at all,
Richard, in your nifty fireball?

RICHARD MILLE

My watch, luckily, has acquired no wrinkles at all!

PEGASUS

But this morning you hadn't a single white hair
Your hair was auburn, your complexion fair

RICHARD MILLE

Happy the man who has traveled through space
And comes back like Ulysses to his native country—
Even if on returning he sees wrinkles on his face
As foretold by Langevin's theory
...
But you too have whitened in harness!

PEGASUS

All my life, all I've done's been running:
I've spent half my life without even glimpsing it
Oh! I'd love to quench my thirst a bit
Where I drank a while back with Let's Go Darling
After jogging a spell in the sky.
Permit me to live again that moment just past—
Since it's recent, it must be *nearby*—
I advance by a moment when I rush forward
I go back in time when I run chin-backward

(Pegasus attempts to run backward)

LET'S GO DARLING

Time too dies: we often speak of *"a lethal moment"*

PEGASUS

Taking one's time then is asserting one's distance
(What we did this afternoon, for instance)

RICHARD MILLE

Time's passing, Pegasus, *time's passing*—
Weary's the time, but no, it's we... I'm merely paraphrasing!

(his cell-phone rings)

But my cell-phone's ringing. One moment—*(Addressing the horses)*— It's the author!

THE AUTHOR

from the balcony on his own cell-phone

Don't make me say what I haven't said!
We hear Du Bellay but it's Ronsard instead!
I know well how the thing's got to be re-done!
But Richard, see the time? Quick, it's late
And you know that folks have errands to run!

RICHARD MILLE

to the horses

The going's already rough and the author's rushing us
As we wear ourselves ragged for his little opus

LET'S GO DARLING

We always ought to set the pendulums straight

PEGASUS

Ill feelings tend to run high when it's this late!

RICHARD MILLE

Run, horses—imperative categorical!
Run and cease believing you're allegorical!

Pegasus and Let's Go Darling pass ahead of Richard Mille

PEGASUS

At breakneck speed, kind sirs,
Let's rush through the universe!

LET'S GO DARLING

Let's lope along with no accidents
As long as the day descends...

RICHARD MILLE

ironic

Hasten on, runners, you're now in quite a rush!

LET'S GO DARLING

Ha! only a work-horse could stomach such mush!

PEGASUS

Ah, soon the straight line of Michaudières!
May our stretched-out shadows soon be there!

RICHARD MILLE

I'm way ahead of time, I fear

LET'S GO DARLING

Then sing, Richard. Sing and dance in the rear!

RICHARD MILLE

alone in the rear singing
A TANGO FOR AYRTON SENNA

In such a curve well bested
Retreat right there immolated
At top speed accelerated
Foot to floor earth thus evaded
That fast brink precipitated
Mere trice—GOD! he stated-
Draft flag all agitated
Passed on—Beyond but quite un-dead

SCENE VIII

Horns from the Tour de France in the distance
Always facing in the Garden direction
the three competitors pass by
Fausto Coppi
lying prostrate by the roadside

PEGASUS

Is that Fausto Coppi I see?
Perhaps he's stopped to do pipi.

LET'S GO DARLING

What's he doing near that brink?
A touch of pain, I think.

PEGASUS

What's the matter Fausto ?

FAUSTO COPPI

Io sono, finito!

LET'S GO DARLING

What's the matter Coppi ?

FAUSTO COPPI

E completa,mente flapi

RICHARD MILLE

Is this an inter,mezzo?

FAUSTO COPPI

bursting into sobs

I'm ripe, for the lazaretto!
I've lost, both of my wheee-eee-eels
When I left, Barrou-ooo-ooo
Up above, Mount Legatoo-ooo
All the people, boo-oo-ooed
I'm racing under, the lazzi
Dénis, tutti quanti
I've climbed, like a danseuse
On the Grand,e Chartreuse
Going on up, to Manosque
And sprained my shin
Up beyond, Turin
For Qatar, it's too "*tard*"
I turn in, my number
As well as the safe, ty pin
Finished for, the Bari-Nice
I've stumbled, as they say,
Into the last, subway!

PEGASUS

Rise above it all, Coppi, and talk to us
I can't make head or tail of all this fuss
variant:
(Out in left field's where you've left us)

Pegasus bends over him
for an explanation
as he does so, it becomes obvious
the man is suffering from pain in his side

Fausto Coppi sobbing:

FAUSTO COPPI

Io receivato…

PEGASUS

…OK, I've recedieved…

FAUTO COPPI

Oune telefono…

PEGASUS

…yes, a 'phono call…

RICHARD MILLE

It's Bruna who's ordering him to give up racing!

(Pegasus makes a gesture to him to let Fausto Coppi speak)

LET'S GO DARLING

In my opinion that call was a lot of baloney!

(Pegasus repeats the gesture to let him speak)

FAUSTO COPPI

Ecco, ecco, il bidone della madone!

PEGASUS

But your baloney's rotten, you've had a bum steer!

FAUSTO COPPI

It's not my, wife Bruna
(Bruna doesn't, like bikes
She wants me to, quit pronto)
But my girl, friend Marguerite
Who told me: "Here—your dinner:
In your canteen, some holy water!"
—And when I consume, this holy water
I pedal, twice as faster

PEGASUS

And where does she get this water?
Some baptismal font or other?

FAUSTO COPPI

Ma del dottore, Fausto!
And unbeknownst, I'm totally agreed,
I roll along at a, *devilish* speed!

PEGASUS

Don't you know that holy water
On the Giro is contraband?
You 're not going to take on the Vatican!

RICHARD MILLE

And you, Horsey, aren't you limping slightly?

PEGASUS

It's a horsefly that's been biting me
Ever since my flirting spree.
There, once *again*! O horrid Horsefly

(giving himself a resounding slap on the rump)

You're now dead! Bye-bye!

LET'S GO DARLING

Against those horsefly bites
The only solution that's made available,
To our horsey world, is *blinders*:
And so *spotting* them? We're not able

FAUSTO COPPI

As concerns suffering, I know, whole ar*rays*

PEGASUS

We likewise! That's the reason we're ablaze

RICHARD MILLE

Thus it is that the sun is dazzling
(And that your racing's frazzling)

LET'S GO DARLING

Ah ! those torments of Love, those human theatrics—
Concealing them calls for real acrobatics
Even when heaved through space they're plain to the eyes!

RICHARD MILLE

And even farther than we can surmise!

SCENE IX

Long reddish rays on the Garden side
At the back of the motorbike, the blackboard-chap holds out his blackboard on which is written:

FINISHING-LINE: 1 km

He turns his head around and we see that head is a Death's Head

PEGASUS
hobbling but still holding his own

Say, Richard Mille
What time is it?

RICHARD MILLE

It's a mile a minute!

FAUSTO COPPI
trying hard to keep up with them

Damn! That *does* it!

PEGASUS

My clogs are sticking in quantum mechanics
I kick, I whinny—I simply *give kicks*
For every hour's as leaden as a death-agony

RICHARD MILLE

The time we note as it passes—*there's* the sole remedy!

LET'S GO DARLING

At every single beat of our horsey hearts
(So much more rapid than those of a biped)
I feel the dart—how sweet is the dart!
What to do, my pets? What else can be said?

PEGASUS

disillusioned

Why, get a firm grip on the web-prints of geese in Space!!!

RICHARD MILLE

elbow at the car door, still seated at the wheel
of his grounded Bugatti, stranded there

Come aboard my buggy for a bit of immobility!

LET'S GO DARLING

settling down comfortably in his back seat,
her legs stretched out over the front seat!

Has anyone ever taken note of a filly in a buggy?
Since I've been running, Pegasus, my butt's grown less flabby

PEGASUS

bent forward, now harnessed to the car

All bets are off—because this calls for concentration
And solely, exclusively, on the fine art of the gallop!
I'll end up an entertainment, like a constellation
High in the sky that's gotten a whallop...

FAUSTO COPPI

leaning against the car trunk as he pushes the car

Let me finish up, on my own, with my own goals!
I seek my Serse, who's using up his boot-soles

PEGASUS

When I die I'll live on a good while later
In the wonder-struck eyes of some spectator

RICHARD MILLE

There was never any question of our getting there late
And Richard, my boy, you risk being first at the gate!

FAUSTO COPPI
pushing the Bugatti,
singing to a tune of Charles Trenet

To see Bari
and no more Bartali
to see Bari
and no more that Bruna
to see Serse
with Ettore Andrea
and that day, tra-la-la, finita la bichicleta

PEGASUS

To the Infinitely Immense I submit—assuming He exists!
With regard to the skiffs of heaven, is a shipwreck likely?
Imprint a final landscape on your two eyelids
And may it be that of L'Echelle*—if it still persists!

Pegasus, bent over and tugging laboriously at the Bugatti
painfully being pushed
by a winded Fausto Coppi.
The unruly four-in-hand disappears
slowly on the Garden side
in the dim light of nightfall

FAUSTO COPPI
pushing the Bugatti along

Am I still, always ahead?

PEGASUS

Entirely so, Fausto!

LET'S GO DARLING

Not to worry, Coppi!

RICHARD MILLE

Got to be ahead inside one's head!!!

FAUSTO COPPI
pushing the Bugatti

'Twas another, leaning day, today!

PEGASUS

When the body's an arrow
The goal don't matter a bit!
He who becomes a Dad
Can count on being immortal!

* The name of each of the theaters will be inserted here at each new place of the play's presentation.

LET'S GO DARLING

Rise up! climb the angelic echelons —you can do it!
Evanesce in amazement at being ephemeral!

EXEUNT OMNES

As this final scene comes to its close, the music of The Damnation of Faust, *by Hector Berlioz, Part IV, scene 20, can be heard*

THE END

PLANÉTAIRE-TELLURIUM,
détail
PLANETARIUM-TELLURIUM,
detail view

TOURBILLON

page de gauche / left page

Détail de la roue d'échappement

Close-up of the escapement wheel

page de droite / right page

Deux vues de l'échappement tourbillon complet

Two views of the complete tourbillon escapement

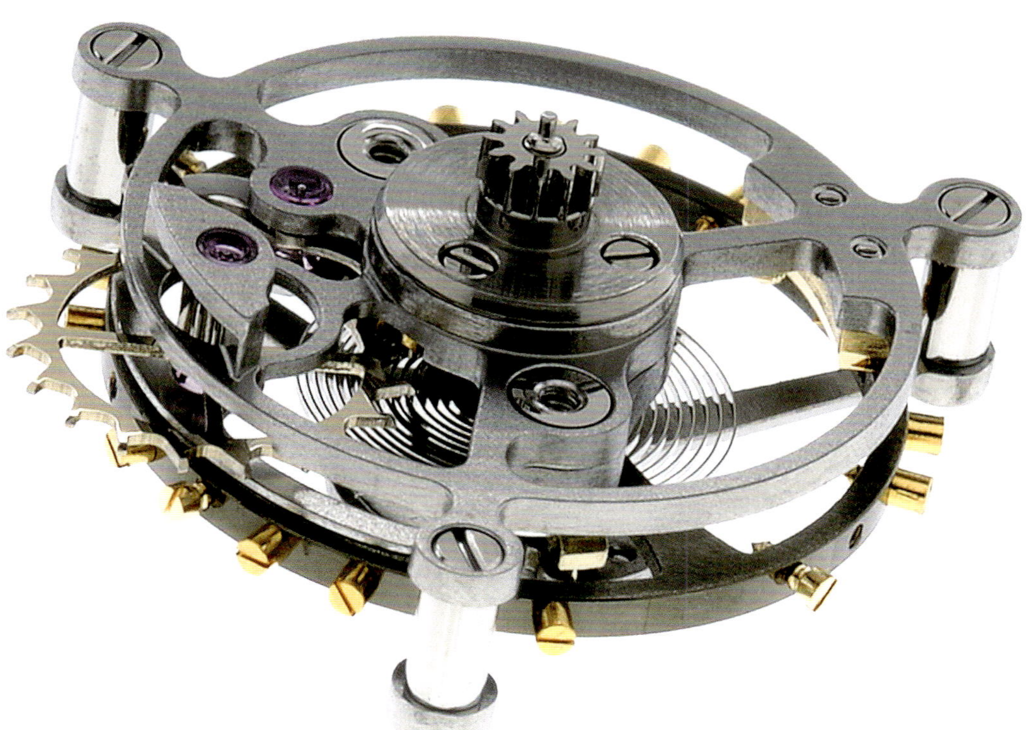

doubles pages suivantes / double spreads overleaf

RM 009 Felipe Massa :

Mouvement squelette

Skeletonized movement

RM 008-1

Détail du tourbillon

avec l'aiguille de secondes (jaune) en mouvement

Detail of tourbillon

with running seconds hand (yellow)

RM 008-1

Vue générale du tourbillon

General view of tourbillon

RICHARD MILLE

SWISS MADE
30
35

RM008
20
10
15
8
55
45
SWISS MADE
40
7
35

CHRONOGRAPH

RM008
SWISS MADE

CHRONOGRAPH
300
240
200
180
165
35
53
65
5
10
15
20
25
W

RM 002/003/008-1
Levier de sélection prémontée, pont de cliquet compteur,
levier indicateur de sélection prémontée,
crémaillère de réserve de marche,
pont de minuterie, cliquet de compteur minutes,
cliquet de barillet prémonté, crémaillère capteur de couple
Selection lever prepared for assembly, counter bridge click,
selection indicator lever prepared for assembly,
power reserve lever, motion work bridge, minute counter click,
barrel click prepared for assembly, torque indicator lever

Pièces détachées de différents modèles
Richard Mille présentées en taille réelle.
Parts from different Richard Mille models
shown in actual size.

SWISS
NINETEEN (19) JE
RM-009/1
0017

ADJUSTED TO HEAT COLD AND FIVE (5) POSITIONS
NINETEEN (19) JEWELS
RICHARD MILLE

15
SWISS
30
MADE
25

doubles pages précédente /
previous double spreads

RM 009 Felipe Massa
Vues du fond
du mouvement squelette
Views of the back
of the skeletonized movement

RM 009 Felipe Massa
Détail
Detail

RM 009 Felipe Massa
Arrière du mouvement squelette
Back of the skeletonized movement

RICHARD MILLE
RICHARD MILLE
SWISS MADE
WATER RESISTANT 50M
SWISS
RM009 AF ALUSIC 17/25

RM 009 Felipe Massa
Vue de 6 heures
View from 6 o'clock
page de droite
Détail de boucle
left page
Detail of buckle

RM003

RM 004-V2
Pièces composant la boucle
Different parts of buckle

RM001

Bracelet en cuir avec attache en titane
Leather strap with titanium connecting piece

Vue intérieure de la boucle déployante en titane
Interior view of deployant clasp in titanium

Vue extérieure de la boucle déployante en titane
Exterior view of deployant clasp in titanium

Dessins et études de Richard Mille

Richard Mille sketches and studies

RM 008-1
Cadran, aiguilles
Dial, hands

RM 007
Etudes de cadran
Dial design studies

RM 001
Brides, chiffres et capteur du couple
Flanges, numbers and torque indicator

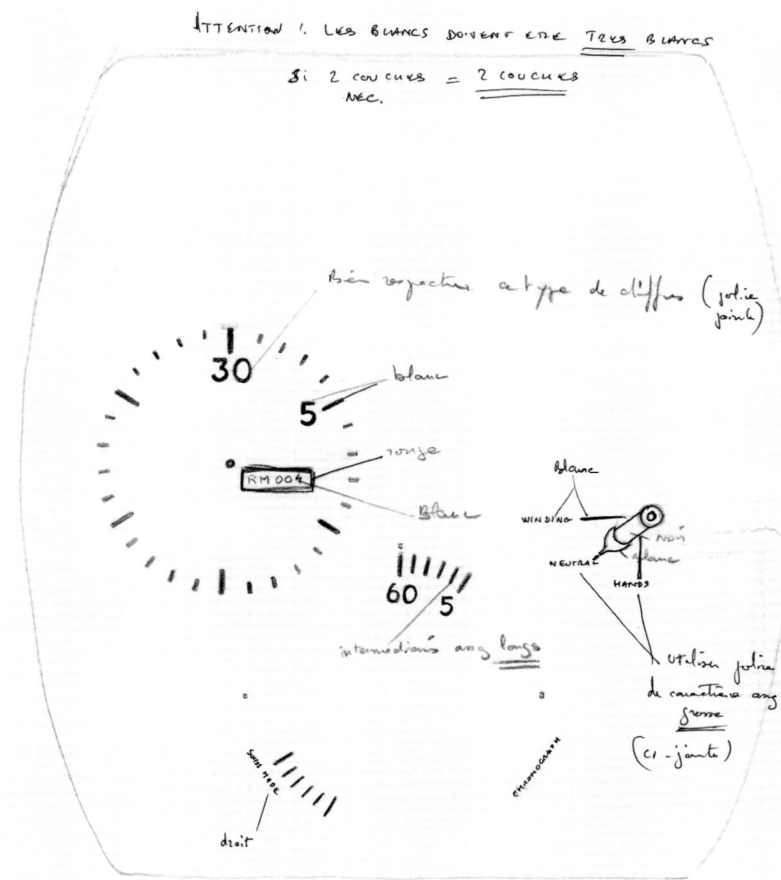

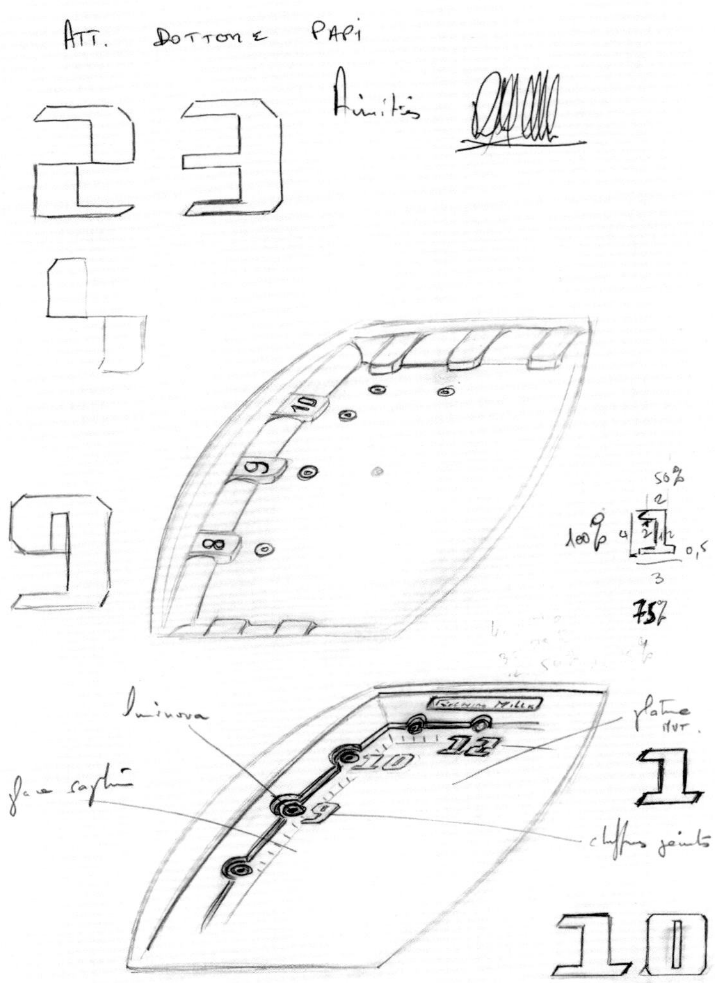

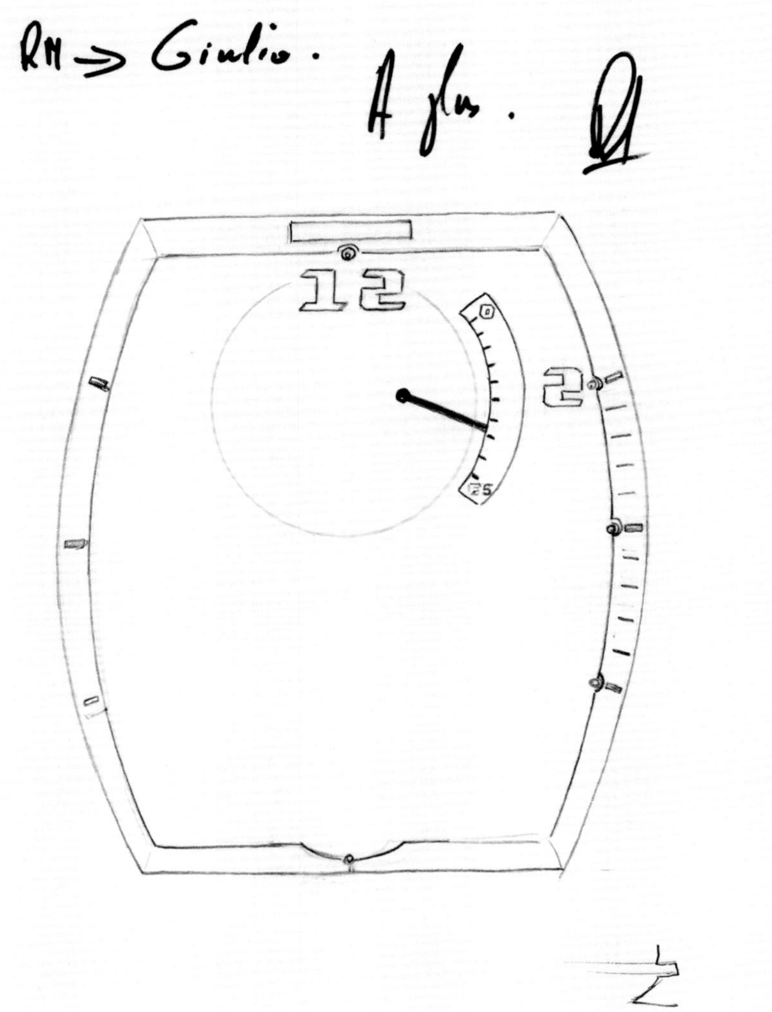

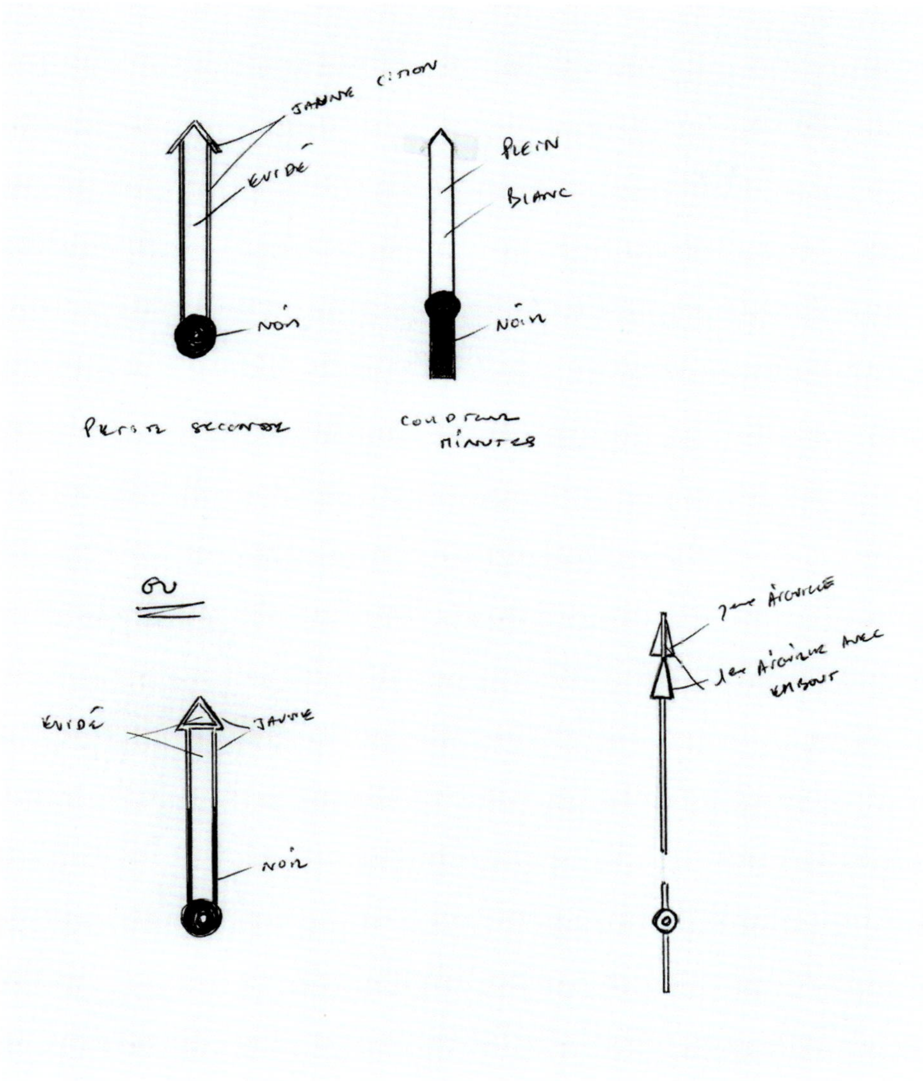

double page suivante / double spread overleaf

RM 007

Cadran avec extérieur serti, centre laqué et diamants pour l'indication des heures

Dial with diamonds, laquer center-field, diamond hour markers

RM 002/005/004/008-1

Cadrans

Dials

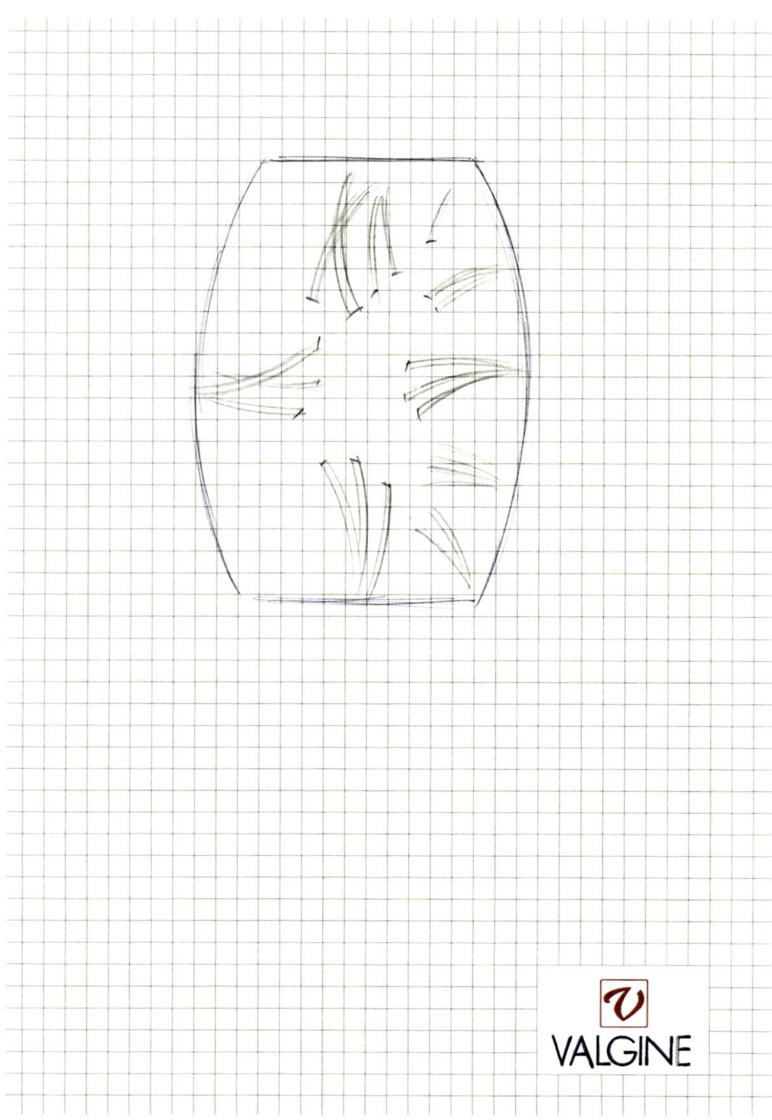

RICHARD MILLE
SWISS MADE

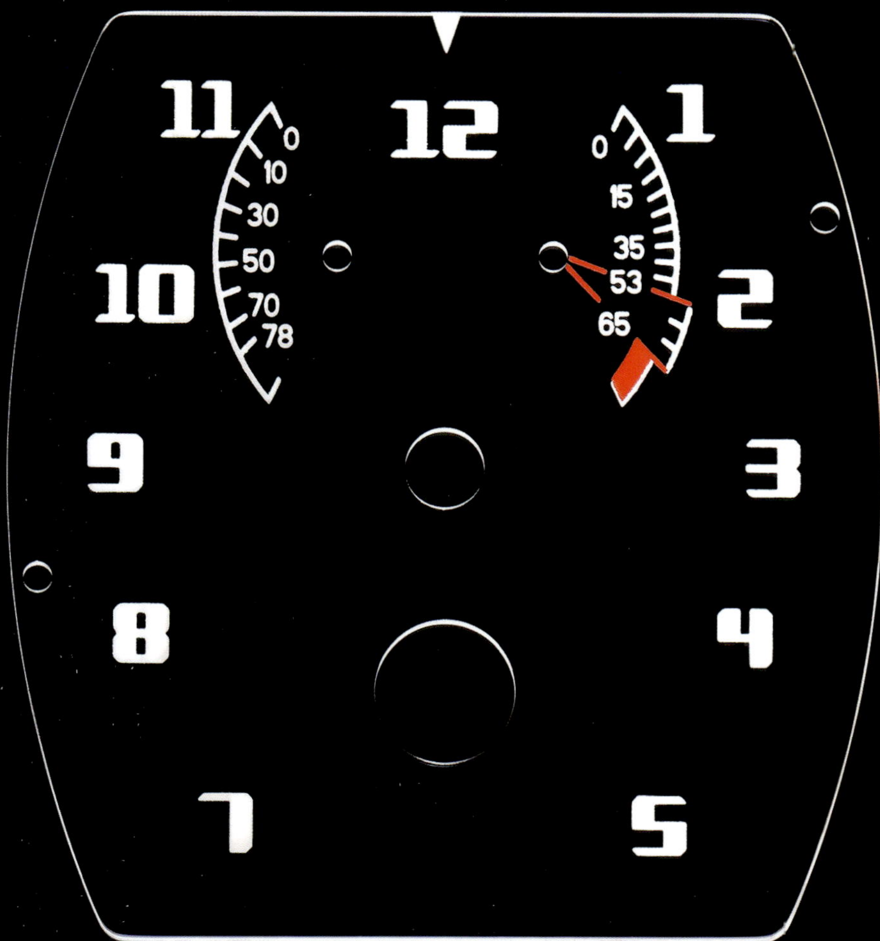

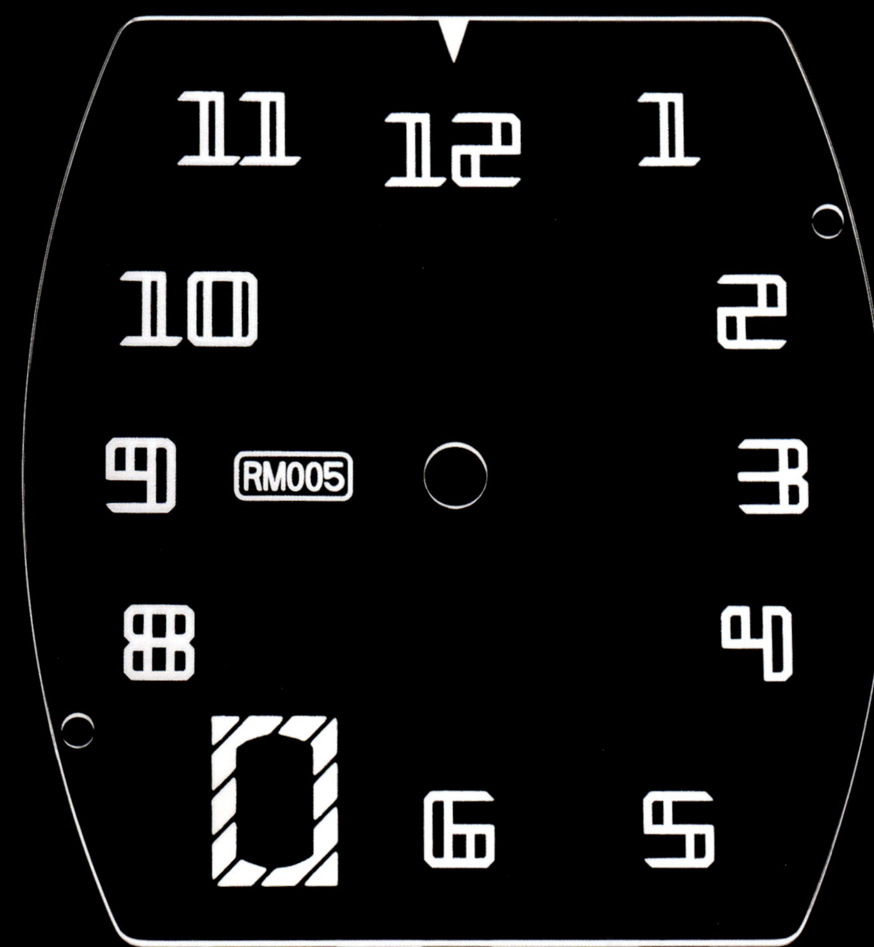
RM005

RM004
SWISS MADE
CHRONOGRAPH

RM008
SWISS MADE
CHRONOGRAPH

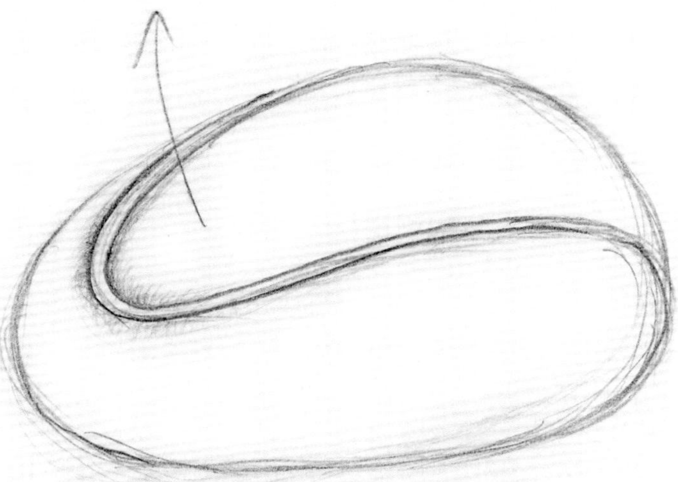

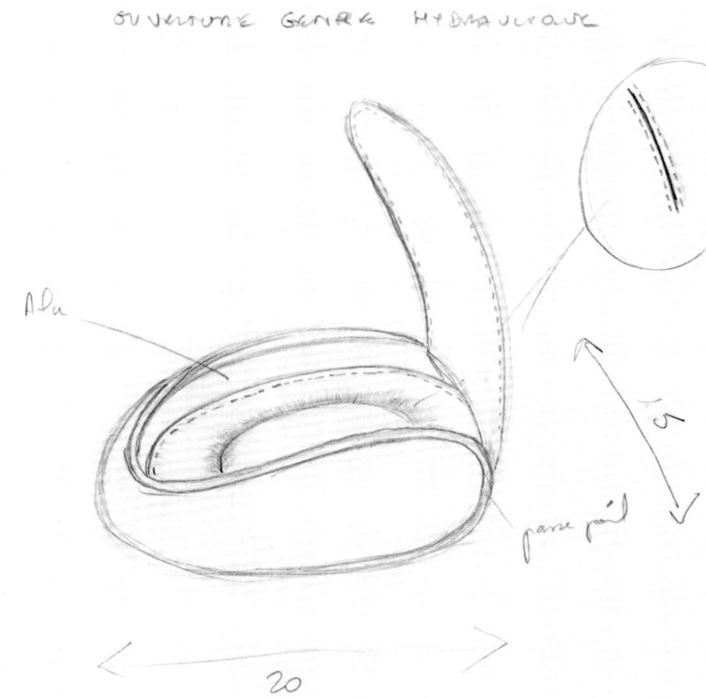

De : Richard
Att : Laurence

Bonne forme OK

3 dessins CAD RM007
+ couronne.

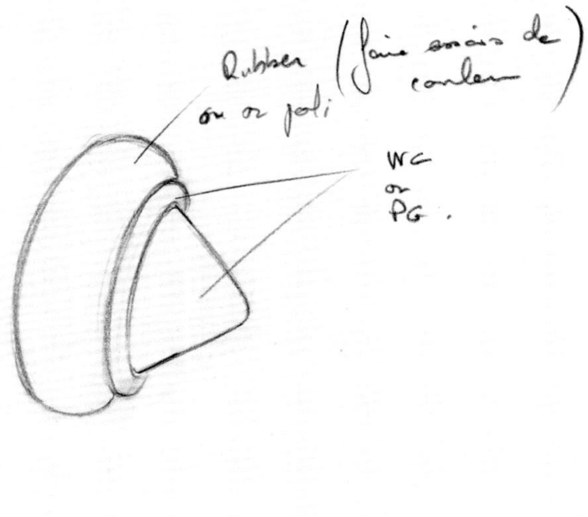

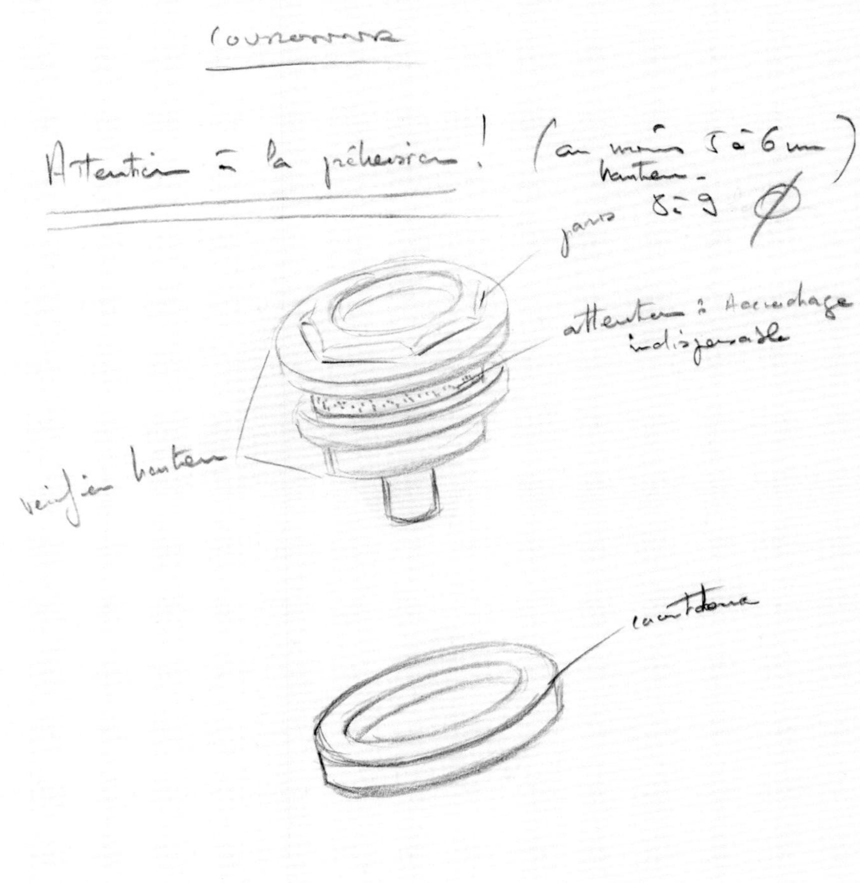

Dessins et études de Richard Mille

Richard Mille sketches and studies

Etude d'écrin
Couronnes de **RM 007, RM 005**
Vis, boîte, cadran, brides, couronne et pont de tourbillon du **RM 001**

Watch presentation box
Crowns of **RM 007, RM 005**
Screw, dial, flanges, crown and tourbillon bridge of the **RM 001**

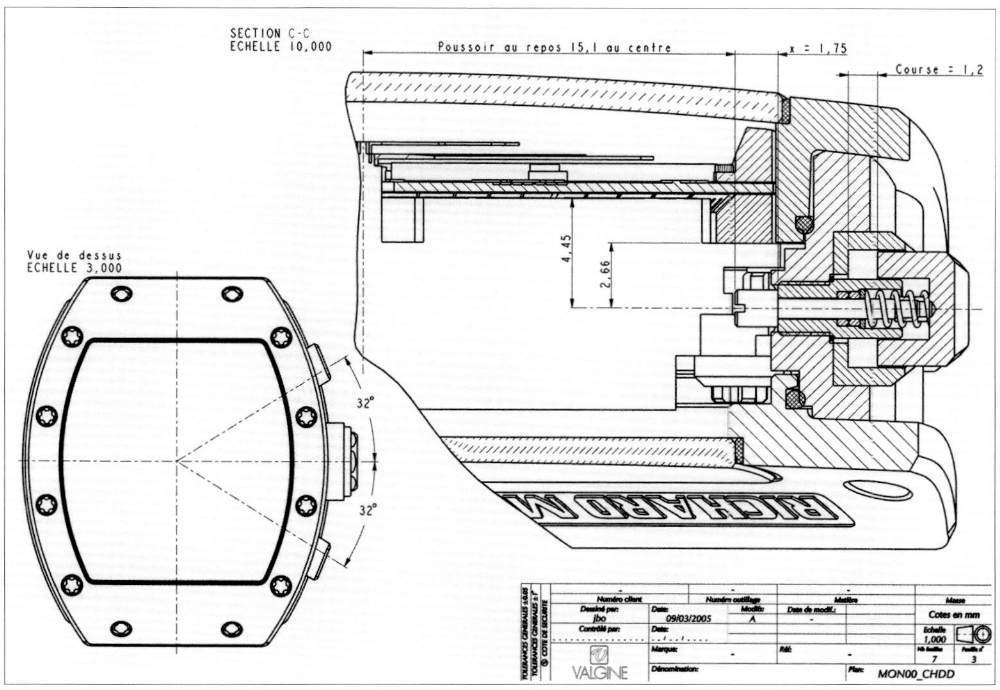

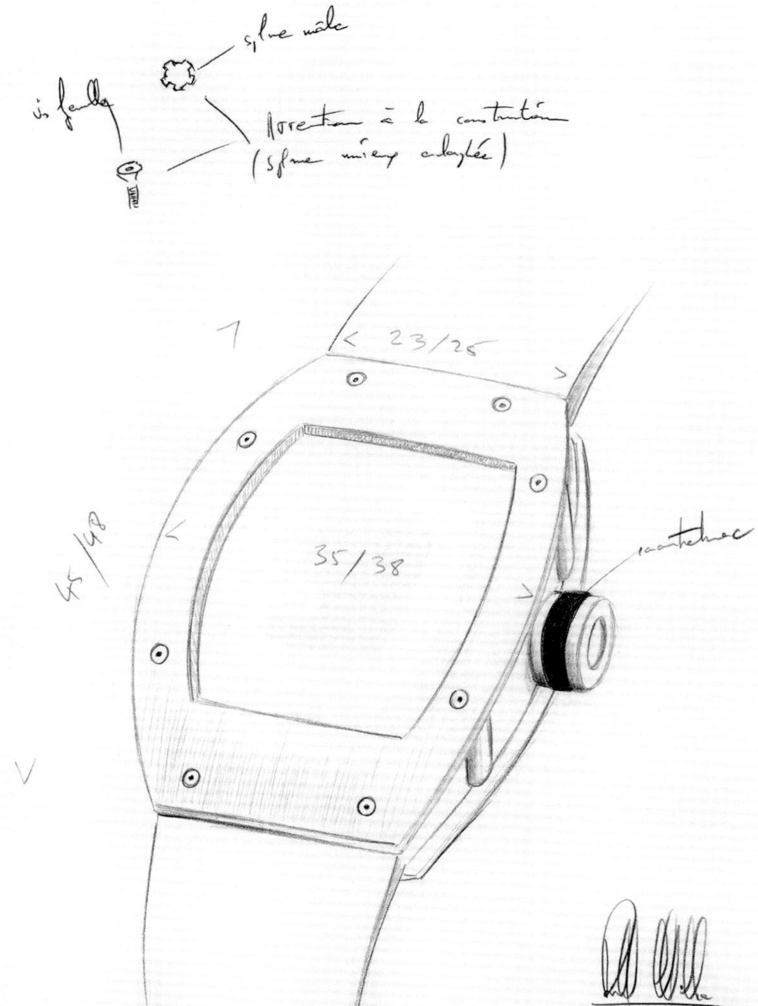

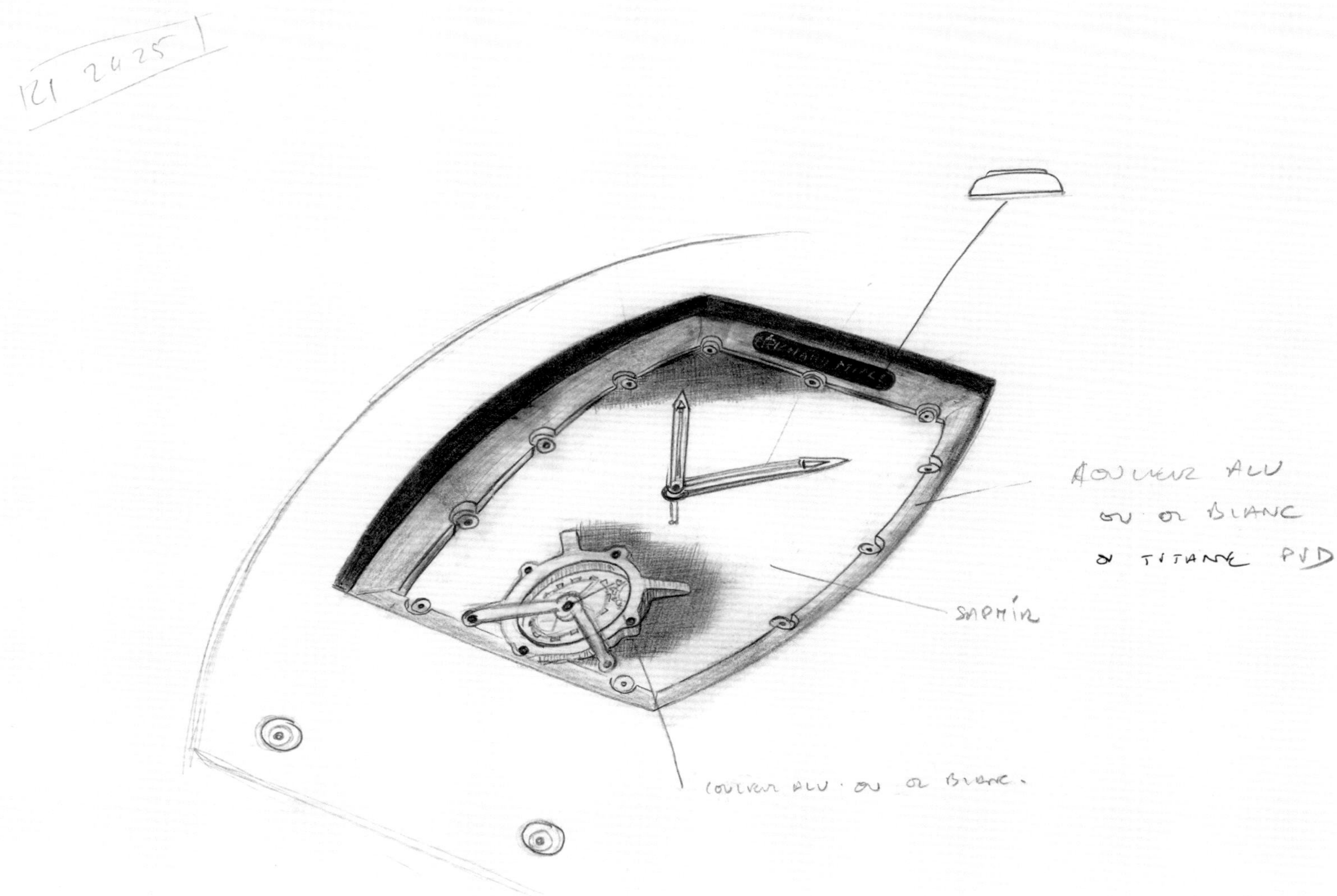

RM 008-1
Cadran, aiguilles
Dial, hands

RM 007
Etudes de cadran
Dial design studies

RM 001
Brides, chiffres
et capteur du couple
Flanges, numbers
and torque indicator

RM 005
Lunette dessus, bande de carrure, lunette dessous
Front bezel, case band and back bezel

page de droite / right page

RM 005
Phases d'usinage du boîtier en titane et boîtier terminé
Some stages in titanium case manufacturing and finished case

RM 007
Boîte finie et assemblée avec vis temporaires de travail
Finished case with temporary assembly screws

RM 007
Boîte finie et assemblée avec vis temporaires de travail
Finished case with temporary assembly screws

double page précédente / previous double spread

RICHARD MILLE BY STARCK

Pièce unique pour Only Watch 2005
détail des aiguilles et de la couronne de date en saphir

Unique piece for Only Watch 2005
detail view of hands and sapphire glass date ring

RICHARD MILLE BY STARCK

Détail de la couronne et des glaces saphir

Detail view of crown and sapphire glasses

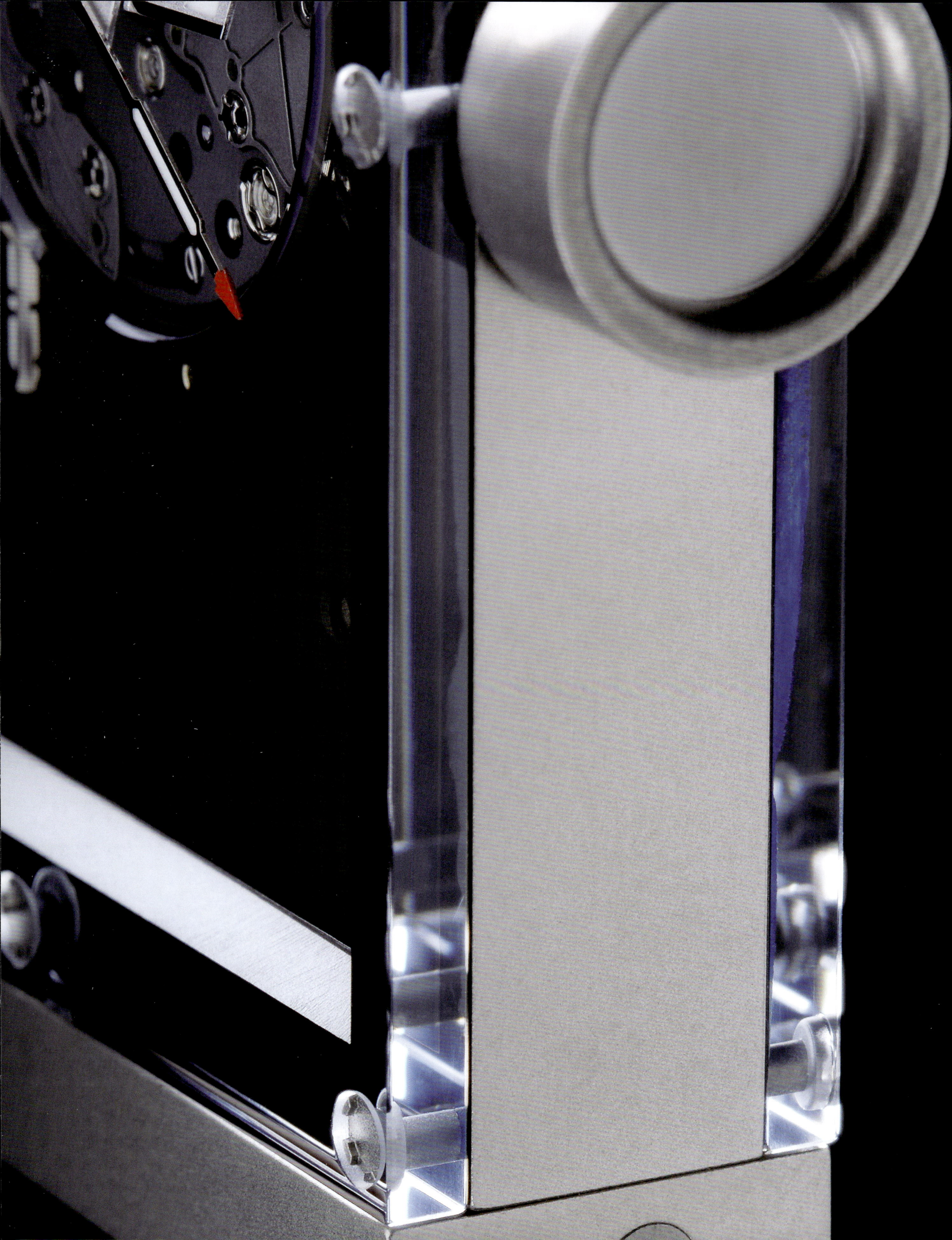

RICHARD MILLE BY STARCK
Détail côté cadran
Detail dial side

double page suivante / double spread overleaf
RICHARD MILLE BY STARCK
Vue de dos et de face
Back and front view

RICHARD MILLE by S+ARCK

RM 014 (Perini Navi Cup)

Détail du cadran de la boîte et de la couronne

Detail from dial case and crown

RM 014 (Perini Navi Cup)

RICHARD MILLE
RICHARD MILLE

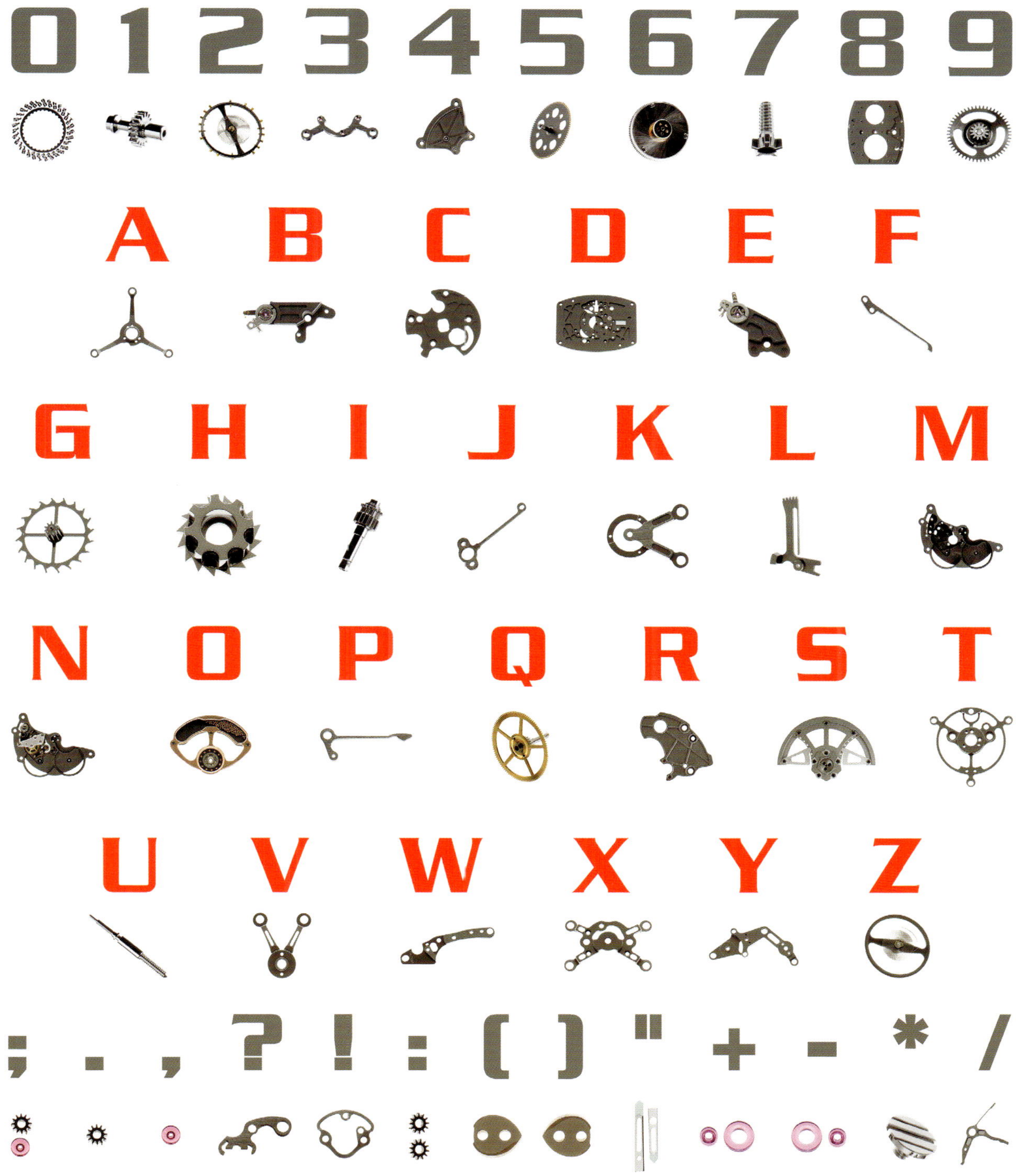

L'alphabet selon Richard Mille — The alphabet according to Richard Mille

Cet ouvrage a été réalisé sous la direction de Philippe Monsel
Coordination éditoriale : Sylvie Poignet
Conception graphique : Catherine Breteau

Mise en page PAO, infographie : Christophe Petit
Fabrication : Bernard Champeau

Photogravure : Arts Graphiques du Centre à Saint-Averti

Achevé d'imprimer le troisième trimestre deux mille seize
sur les presses de l'imprimerie Grafiche Milani, à Segrate (Italie)